Zhaoyao Zhan

Optoelectrónica impressa a jato de tinta

Zhaoyao Zhan

Optoelectrónica impressa a jato de tinta

ScienciaScripts

Imprint

Any brand names and product names mentioned in this book are subject to trademark, brand or patent protection and are trademarks or registered trademarks of their respective holders. The use of brand names, product names, common names, trade names, product descriptions etc. even without a particular marking in this work is in no way to be construed to mean that such names may be regarded as unrestricted in respect of trademark and brand protection legislation and could thus be used by anyone.

Cover image: www.ingimage.com

This book is a translation from the original published under ISBN 978-620-2-00357-5.

Publisher:
Sciencia Scripts
is a trademark of
Dodo Books Indian Ocean Ltd. and OmniScriptum S.R.L publishing group

120 High Road, East Finchley, London, N2 9ED, United Kingdom
Str. Armeneasca 28/1, office 1, Chisinau MD-2012, Republic of Moldova, Europe
Printed at: see last page
ISBN: 978-620-7-71061-4

Índice:

Capítulo 1   3

Capítulo 2   4

Capítulo 3   10

Capítulo 4   51

OPTOELECTRÓNICA IMPRESSA POR JACTO DE TINTA

Zhaoyao Zhan,*Jianing An, Yuefan Wei, Van Thai Tran e Hejun Du*

A impressão por jato de tinta é uma técnica potente e rentável para a deposição de tintas líquidas com elevada precisão, que não só é muito importante para as aplicações gráficas como também tem um enorme potencial para a impressão direta de dispositivos optoelectrónicos. Esta análise apresenta uma visão global dos progressos realizados no fabrico de dispositivos optoelectrónicos através da técnica de impressão a jato de tinta. A primeira parte aborda brevemente o processo de geração de gotículas nos bicos das cabeças de impressão e as propriedades físicas que afectam a formação de gotículas e os perfis dos padrões impressos. A segunda secção descreve as actividades recentes relacionadas com as aplicações da impressão por jato de tinta no fabrico de optoelectrónica, incluindo células solares, díodos emissores de luz, fotodetectores e eléctrodos transparentes. Em cada campo de aplicação, são discutidos os desafios do processo de impressão a jato de tinta e as possíveis soluções, antes de algumas observações. Na última secção, é apresentado um breve resumo dos progressos realizados no fabrico de optoelectrónica por impressão a jato de tinta e uma perspetiva para futuros esforços de investigação.

Capítulo 1

1. Introdução

O mercado em rápida expansão dos dispositivos optoelectrónicos, incluindo fotodetectores, díodos emissores de luz (LED), energia fotovoltaica e ecrãs, exige a produção inovadora de nanoestruturas a partir de materiais optoelectrónicos a baixo custo, com elevado rendimento e em grande escala.[1, 2] Os candidatos a materiais optoelectrónicos devem ser, idealmente, compatíveis com o silício e a eletrónica flexível para integração, e também adaptados ao processamento de soluções a baixa temperatura.[3]

Os materiais processáveis em solução dividem-se em diversas categorias, incluindo polímeros semicondutores solúveis ou as suas moléculas precursoras, colóides e nanopartículas (NPs) orgânicas ou inorgânicas.[4] As NPs inorgânicas apresentam relativamente uma maior estabilidade em ambiente ambiente. Devido à possibilidade de afinação das formulações e da reologia e, por conseguinte, de conceção de tintas para técnicas e aplicações de impressão variadas, os materiais processáveis em solução podem facilmente prestar-se à impressão. A natureza de baixa temperatura do processo de impressão permite o fabrico de dispositivos em vários tipos de substratos, desde os substratos convencionais planos e rígidos até aos emergentes flexíveis e mesmo curvos, abrindo caminho para o desenvolvimento de uma eletrónica flexível e conformável.

Entre todas as formas de técnicas de impressão, a impressão por jato de tinta é uma técnica poderosa e rentável para a deposição de tintas líquidas com elevada precisão, o que não só é de grande importância para as aplicações gráficas, como também tem um enorme potencial para a impressão direta de dispositivos optoelectrónicos. As características peculiares oferecidas pela impressão a jato de tinta incluem a modelação aditiva, o consumo reduzido de material, a deposição sem máscara e sem contacto, o baixo custo e a capacidade de fabrico em grande escala.[1] A caraterística de escrita direta da impressão a jato de tinta permite a deposição de numerosas películas finas com a facilidade de alterar o desenho de lote para lote. Além disso, a impressão por jato de tinta é capaz de depositar um determinado material em locais pré-determinados num substrato com padrões pré-existentes, onde a contaminação ou os danos dos padrões seriam induzidos por outros processos de deposição.

Esta revisão destaca os recentes avanços no fabrico de dispositivos optoelectrónicos, tais como células solares, LEDs, fotodetectores e eléctrodos transparentes, com base na impressão a jato de tinta, em termos de deposição de activos e deposição de eléctrodos. As técnicas de impressão a jato de tinta são capazes de ultrapassar os desafios existentes nos processos de fabrico tradicionais, produzindo assim novas funcionalidades e/ou aumentando a relação custo-eficácia e o desempenho das existentes.

Capítulo 2

2. Princípios da tecnologia de impressão a jato de tinta

2.1 Formação de gotas

A impressão a jato de tinta, baseada numa forma de deposição gota a gota, foi inventada e utilizada para dactilografia e gravação há mais de 50 anos. As gotículas de tinta de baixa viscosidade são ejectadas por um bocal na cabeça de impressão e podem ser formadas de forma contínua ou gota a gota (DOD). No processo de funcionamento contínuo, uma bomba de abastecimento de tinta pressuriza a tinta e ejecta-a do bocal, gerando um fluxo de gotículas líquidas. No decurso da geração de gotículas, as gotículas são seletivamente carregadas pela tensão eléctrica aplicada no bico. As gotículas carregadas serão deflectidas por uma tensão eléctrica no elétrodo de deflexão e separadas das não carregadas. Depois disso, as gotas carregadas atingirão o substrato de impressão, enquanto as não carregadas, que não são utilizadas para a impressão, são apanhadas pela calha e transportadas de volta para um tanque de tinta. A vantagem da impressão contínua é a elevada frequência de geração e impressão de gotículas. No entanto, atualmente, o sistema DOD é mais utilizado porque tem uma menor complexidade de sistema e oferece uma maior capacidade de controlo e precisão da deslocação das gotas. [5, 6]

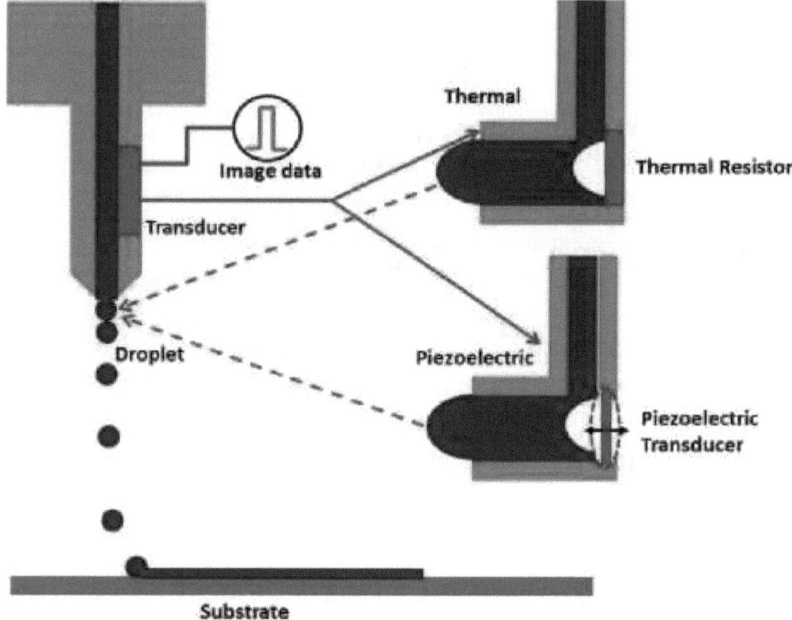

Figura 1: Processo de formação de gotículas num bocal de jato de tinta térmico e piezoelétrico.

Num sistema DOD, as gotas de tinta são lançadas a partir do bocal por impulsos gerados por uma resistência térmica, um transdutor piezoelétrico, uma curvatura térmica ou uma onda acústica. Uma cabeça de impressão térmica utiliza um aquecedor resistivo de película fina para vaporizar rapidamente uma fina camada de tinta líquida (em poucos microssegundos), formando uma bolha de expansão rápida que pressuriza a solução de tinta (ver Figura 1). A pressão para atuação deve aproximar-se da pressão de vapor saturado do líquido de tinta no seu limite de sobreaquecimento. Consequentemente, a gota pressurizada no bico será ejectada do bico, como ilustrado esquematicamente na Figura 1. A tecnologia DOD térmica apresenta um design simples e baixos custos, mas está confinada a tintas vaporizáveis devido ao requisito de formação de bolhas. A elevada temperatura de funcionamento (*cerca de* 300°C) torna-a inadequada para a impressão à base de polímeros. O DOD piezoelétrico tem sido amplamente utilizado para contornar esta limitação. Na cabeça de impressão piezoeléctrica, um transdutor piezocerâmico é estimulado eletricamente para induzir uma atuação mecânica de acordo com os seus modos de ressonância. O impulso mecânico da membrana piezoeléctrica propaga-se para o bocal, pressurizando a solução de tinta e ejectando uma gota do bocal (como se mostra na Figura 1). Assim, o volume e a velocidade final de uma gota dependem também da tensão de acionamento do transdutor. Na prática, uma cabeça de impressão integra normalmente um conjunto de bicos grande e denso que contém um grande número de bicos separados para promover a produção de impressão.

A formação de jactos de tinta começa com a ejeção e o estiramento do líquido, seguido do desprendimento do líquido do bocal, da contração do ligamento líquido, da quebra do ligamento líquido em gotas principais e satélites e da fusão final das gotas principais e satélites.[5] O controlo da formação de gotas e o subsequente voo das tintas em jato requerem estudos aprofundados sobre as propriedades do líquido a elevadas taxas de cisalhamento, o estiramento e a contração dos ligamentos líquidos, a formação e o voo das gotas, bem como as interacções aerodinâmicas e electrostáticas das gotas de líquido em voo. Durante o voo, também seriam criadas gotas satélites mais pequenas ligeiramente após a formação da gota, que se recombinariam com as gotas primárias após alguns períodos. Embora a formação de satélites seja bastante comum durante a formação das gotas, pode ser minimizada ou mesmo eliminada através da seleção criteriosa dos parâmetros de impressão.[5] Geralmente, a formação de gotículas é afetada pelas propriedades fluidas da tinta. Fromm[7] introduziu um número adimensional Z para categorizar as propriedades dos fluidos e analisar a mecânica da formação de gotas nas cabeças de impressão:

$$Z = (d\rho\gamma)^{1/2}/\tau$$

em que ρ, γ e τ são a densidade, a tensão superficial e a viscosidade da tinta, respetivamente, e d é um comprimento caraterístico, que é o diâmetro do bico no caso das cabeças de impressão DOD. Ao aperfeiçoar a previsão de Fromm, Reis *et al.*[8] propuseram que as gotículas de tinta podem ser formadas quando Z varia entre 1 e 10, depois de estudarem suspensões de cera de alumina com uma gama de concentrações. O limite inferior do número Z é determinado pela viscosidade que dissipa o impulso de pressão, enquanto a criação de satélites em vez de uma única gota é o fator determinante do seu limite superior. Além disso, quando Z está na faixa de $1 < Z < 14$, o volume da gota aumenta com o aumento de Z, o que está de acordo com a previsão de Fromm. No entanto, na prática, sistemas *com* números de Z muito maiores que 10 também são imprimíveis se os satélites se recombinarem com a gota primária em poucos períodos. Schubert *et al.*[9] descobriram que vários solventes que têm viscosidades baixas na gama de 0,4 a 2 mPa·s e tensões superficiais na gama de 23 a 73 mN m^{-1} também são imprimíveis, embora os seus números Z calculados estejam em na gama de 21 a 91. Verificou-se que a pressão de vapor dos solventes é o fator crucial da capacidade de impressão. Para solventes com pressões de vapor superiores a cerca de 100 mmHg, as gotículas impressas são instáveis ou mesmo não se produzem gotículas.

A natureza sem contacto da impressão por jato de tinta permite a deposição de tintas nanomateriais numa vasta gama de substratos, incluindo polímeros, óxidos, metais e biomateriais. Outra vantagem da impressão por jato de tinta é a possibilidade de imprimir padrões arbitrários numa grande área de trabalho. Além disso, a utilização de nanomateriais em dispersão ultrapassa as limitações de solubilidade das tintas, resultando numa maior estabilidade do processo de impressão. No entanto, devem ser tomadas algumas precauções para evitar a precipitação ou agregação de nanomateriais em dispersão na tinta para impressão a longo prazo, porque a precipitação ou agregação do conteúdo da tinta é a principal contribuição para o entupimento do bocal, levando ao "problema da primeira gota". A limpeza, a cobertura ou a agitação da tinta antes da impressão serão benéficas para atenuar o efeito do "problema da primeira gota".

Geralmente, para as cabeças de impressão DOD, a viscosidade da tinta deve situar-se no intervalo de 1-30 mPa-s. Dado que o transdutor piezoelétrico e o aquecedor resistivo apenas geram uma potência limitada, a impressão de materiais de elevada viscosidade é difícil para a impressão a jato de tinta convencional. Normalmente, são ejectados vários picolitros de tintas para produzir padrões com tamanhos de traço de 20-50 μm e espessura inferior a 1 μm. Esta resolução grosseira é causada pelos efeitos combinados dos diâmetros das gotículas, que são normalmente superiores a ~10-20 μm, e dos erros de colocação, que se situam na gama de ±10 μm a distâncias de afastamento de ~1 mm. Na impressão electro-hidrodinâmica (EHD), que utiliza campos eléctricos em vez de um aquecedor resistivo, um transdutor piezoelétrico ou uma onda acústica para ejetar o líquido de tinta, as gotículas são criadas por um jato fino gerado no vértice do menisco cónico de tinta na ponta do bocal (ver Figura 2).[10] Ao contrário dos processos convencionais de impressão a jato de tinta, a impressão EHD puxa os líquidos em vez de os empurrar, pelo que a impressão da tinta de elevada viscosidade não constitui um desafio para a impressão EHD. As vantagens da impressão EHD incluem uma resolução elevada (submicrónica), flexibilidade na conceção da formulação da tinta e jato fácil sem entupir o bocal. A impressão EHD tem um enorme potencial na impressão de elementos complexos e de alta resolução e está a abrir novos caminhos para a nanotecnologia.

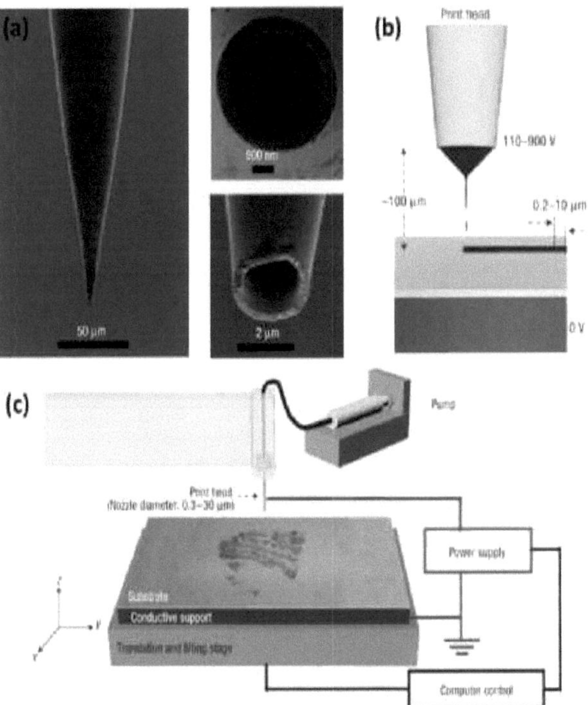

Figura 2. Estrutura dos bocais e ilustração esquemática de uma impressora EHD de alta resolução. a) Imagens SEM de um bocal microcapilar de vidro (2µm de diâmetro interno). Toda a superfície exterior do bocal e a sua superfície interior perto da ponta estão revestidas com ouro funcionalizado. A região da ponta é mostrada nas imagens ampliadas no painel direito. b) Configuração do bocal e do substrato para impressão. A gota de tinta foi ejectada do bocal para um substrato em movimento para produzir os padrões de linhas. c) Configuração de uma impressora de jato de tinta. O bocal revestido a ouro foi ligado a um elétrodo ligado à terra por baixo do substrato através de uma fonte de alimentação. Reproduzido com permissão da ref. 10, Copyright 2007, Nature Publishing Group.

2.2 Controlo da morfologia do padrão e do tamanho das características

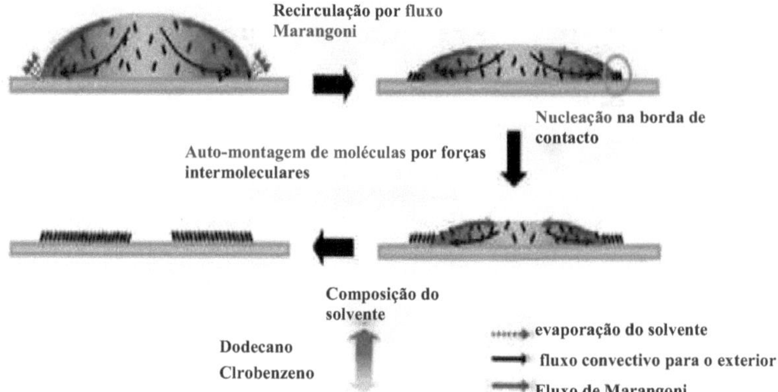

Figura 3: O processo de secagem das gotículas após a impressão a jato de tinta com uma tinta de solvente misto. Reproduzido com permissão da ref.11, Copyright 2008, John Wiley and Sons.

A volatilidade e a viscosidade da tinta são parâmetros críticos para o controlo da morfologia do padrão. As películas não uniformes são facilmente formadas devido ao efeito "coffee-ring" ou ao efeito "mountaintop" central que induz fluxos capilares[12] ou Marangoni[13] durante a evaporação dos solventes da tinta. As arestas em forma de anel de café surgem normalmente quando as NPs na tinta se acumulam ao longo do perímetro da gota de secagem devido à evaporação não homogénea dos solventes.[14] A morfologia irregular leva à formação de defeitos eléctricos.

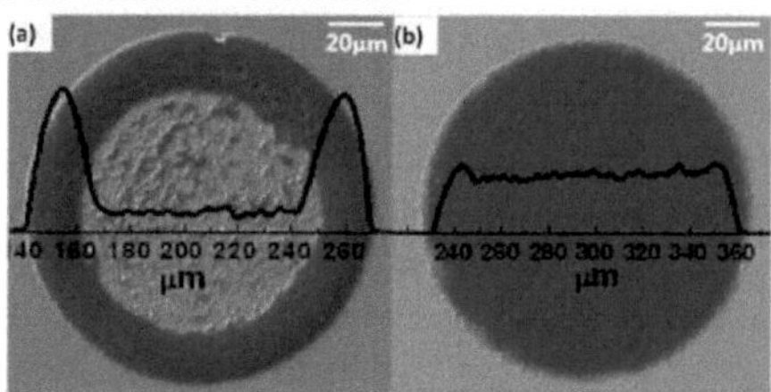

Figura 4. Imagens SEM e perfis de altura correspondentes de gotículas de tinta de Al2O3. As NPs de Al2O3 foram produzidas com tinta de: (a) solvente único de água e (b) solvente misto DMF/água.Reproduzido com permissão da ref. 14, Copyright 2011,Elsevier

Para ultrapassar o efeito de anel de café, o processo de evaporação do solvente foi modificado através da introdução de agentes de secagem, controlando com precisão a humidade do ambiente durante a evaporação do solvente ou ajustando a taxa de aquecimento.[14-16] Numa mistura de solventes optimizada, o agente de secagem tem um ponto de ebulição mais elevado (B. P.) e uma tensão superficial mais baixa em comparação com o solvente principal. Durante a secagem, o solvente principal com um ponto de ebulição mais baixo e uma tensão superficial mais elevada evapora-se mais rapidamente na linha de contacto, criando um fluxo para o exterior, que é gradualmente retardado à medida que a linha de contacto se aproxima do solvente com uma maior fração de agente de secagem. Entretanto, um fluxo para o interior (fluxo de Marangoni) será desenvolvido pelo gradiente de tensão superficial em toda a gota. Os fluxos para o exterior e de Marangoni fazem circular continuamente o conteúdo da tinta no interior da gotícula fluídica, produzindo um conjunto uniforme de conteúdos de tinta. O processo de secagem de uma gota impressa por jato de tinta com uma tinta de solvente misto é apresentado esquematicamente na figura 3, em que o clorobenzeno (CB) é o solvente principal e o dodecano é o agente de secagem. A figura 4 apresenta os perfis de superfície não uniforme e uniforme das NPs de Al2O3 produzidas, respetivamente, por uma tinta de solvente único de água e por uma tinta de solvente misto de dimetilformamida (DMF)/água.[14] A adição de DMF pode melhorar significativamente o perfil final do padrão impresso a jato de tinta através da introdução de um fluxo de recirculação. O processo de aquecimento também é fundamental para controlar o efeito de anel de café, uma vez que a evaporação do solvente também depende muito do processo de aquecimento. O aquecimento gradual pode restringir eficazmente o fluxo de convecção durante a evaporação na tinta impressa com NPs de Ag de baixa viscosidade, fazendo com que as linhas se tornem convexas com NPs homogéneas e muito densamente embaladas, o que aumenta consideravelmente a condutividade eléctrica das Aglines impressas por jato de tinta.[16]

Para além do antigo efeito de anel de café, a morfologia dos padrões impressos pode também ser grandemente afetada por muitos outros factores, como o efeito aerodinâmico, a interação eletrostática das gotículas, os satélites e a interação entre a tinta líquida e o substrato. É um grande desafio imprimir linhas contínuas e de longa distância, com tamanhos e morfologia controlados.[5] Para minimizar o tamanho dos traços dos padrões impressos, é essencial limitar a dispersão da tinta na superfície. A alteração da energia da superfície do substrato e a criação de estruturas químicas/físicas padronizadas no substrato são métodos eficazes para controlar o comportamento de molhagem das gotículas no substrato e para aumentar a resolução da impressão. As gotículas num substrato não húmido tendem a recuar parcialmente ou mesmo a recuar completamente, enquanto as que se encontram numa superfície húmida têm tendência a espalhar-se,[17] dando origem a um padrão em forma de disco plano com um diâmetro superior ao da gota original, resultando em estruturas impressas muito grosseiras. Embora o tratamento de desumidificação possa, em certa medida, melhorar a resolução do padrão, formar-se-ão protuberâncias em linhas que são instáveis em substratos com uma energia de superfície demasiado baixa, o que alargaria localmente os gráficos impressos e degradaria a continuidade das características impressas. Para além da modificação da energia de superfície, a pré-padronização da superfície com uma molhabilidade ou topografia de superfície variável em diferentes regiões do substrato pode ajudar a reduzir a dispersão da solução de tinta. As lacunas ultrafinas podem ser criadas por um método de impressão auto-alinhado que se baseia na diferenciação da molhabilidade.[18] Outro cenário reside na otimização dos materiais e formulações da tinta, que não só influenciam o processo de formação de gotículas, como também determinam a resolução da impressão e o desempenho do dispositivo. A utilização de um bocal ultrafino é desejável para a impressão de padrões com pequenas dimensões, se o entupimento puder ser evitado por uma tinta de baixa viscosidade com NPs finas. A adição de aditivos especiais à dispersão da tinta também é útil para ajustar a viscosidade da tinta e beneficiar a impressão a jato de tinta de padrões de alta resolução.[17]

Capítulo 3

3. Aplicações

3.1 Células solares

As células solares podem converter diretamente a irradiação solar em energia eléctrica, oferecendo assim a promessa de aliviar a nossa dependência dos recursos energéticos fósseis, que há muito tempo causam graves problemas ambientais ao nosso planeta. No entanto, a utilização de células solares ainda não se expandiu devido ao seu custo desfavorável. Desde o primeiro relato de células solares orgânicas por impressão serigráfica,[19] esta técnica tem-se revelado promissora no desenvolvimento de processos de fabrico de baixo custo, industrialmente escaláveis. No entanto, a procura crescente de um melhor desempenho levou a um interesse crescente na impressão por jato de tinta, que permite imprimir elementos com maior resolução, resultando em menores perdas de sombreamento e custos de fabrico reduzidos. Além disso, a tecnologia de impressão por jato de tinta permite a deposição de materiais activos em áreas específicas de um substrato pré-padronizado. A primeira demonstração da impressão a jato de tinta de uma biblioteca de películas finas de sistemas dador/acetor utilizados em células solares orgânicas de heterojunção a granel (BHJ) foi relatada por Marin et al.[20] Além disso, os estudos de morfologia das películas impressas a jato de tinta com a microscopia de força atómica (AFM) sugeriram a formação de estruturas homogéneas. Em seguida, Steireret al.[21] investigaram sistematicamente os parâmetros críticos para a deposição por jato de tinta e por pulverização ultra-sónica de películas finas de poliestireno sulfonato de poli(3,4-etilenodioxitiofeno) (PEDOT:PSS) em óxido de índio-estanho (ITO) comercial para o fabrico de dispositivos fotovoltaicos orgânicos. O seu estudo mostrou que a eficiência das células solares orgânicas com uma camada condutora de orifícios PEDOT:PSS impressa por jato de tinta era comparável à das células solares fabricadas através do processo tradicional de revestimento por rotação. O espaçamento entre gotas e a temperatura do substrato são parâmetros críticos na impressão a jato de tinta, enquanto que no revestimento por pulverização ultra-sónica, a temperatura do substrato e o caudal da solução desempenham papéis críticos. As películas de PEDOT:PSS produzidas por impressão a jato de tinta optimizada, pulverização ultra-sónica e revestimento por centrifugação foram comparadas numa célula solar orgânica prototípica BHJ que utiliza uma mistura de poli (3-hexiltiofeno) e 6,6-fenil-C61-ácido butírico-éster metílico (P3HT:PCBM) como absorvente. Os resultados revelaram que as eficiências dos dispositivos fabricados pelos três processos eram comparáveis (em pormenor, as eficiências eram de 3,3%, 3,5% e 3,6%, para impressão a jato de tinta, deposição por pulverização e revestimento por centrifugação, respetivamente). Além disso, foram também demonstradas películas condutoras transparentes híbridas preparadas por impressão a jato de tinta de PEDOT:PSS e outros componentes condutores para substituir os eléctrodos transparentes de ITO em células solares orgânicas, que serão abordadas na secção 3.4.3.

Verifica-se que a morfologia das películas impressas por jato de tinta pode ser dramaticamente ajustada por aditivos, afectando assim as propriedades da optoelectrónica orgânica e o desempenho global dos dispositivos. Xia et al.[22] fabricaram células solares orgânicas utilizando uma mistura de poli(9,9-dioctilfluoreno-co-benzotiadiazol) (F8BT) com poli(9,*9'-dioctilfluoreno-co-bis-N*,N'-(4-butilfenil)-bis-N,N'-fenil-1,4 fenilenodiamina)

(PFB), e díodos orgânicos emissores de luz (OLED) utilizando uma mistura de F8BT com poli(9,*9-di-octilfluoreno-co-N*-(4-butilfenil)difenilamina) (TFB). Compararam os dispositivos com películas produzidas por impressão a jato de tinta ou por revestimento por rotação. Descobriu-se que a secagem rápida das pequenas gotículas impressas por jato de tinta resultou numa separação de fases mais fina, produzindo células OLED e células solares orgânicas com desempenhos ainda melhores e maior eficiência do que as preparadas pelo método tradicional de revestimento por rotação. No entanto, um problema crítico das películas produzidas por impressão a jato de tinta é a não uniformidade da espessura, que pode dever-se à utilização de apenas um único solvente, *o p-xileno*. Este problema pode ser atenuado através da utilização de uma mistura de solventes. Hothet *al.*[23] utilizaram uma mistura de P3HT:PCBM em solventes mistos de o-diclorobenzeno e mesiteno para imprimir a jato de tinta células solares orgânicas em ITO revestido com PEDOT:PSS, onde foi depositado Ca:Ag como cátodo superior. Sugeriram também que, optimizando a formulação do solvente da tinta, as propriedades morfológicas e interfaciais da camada fotoactiva da mistura P3HT:PCBM impressa poderiam ser significativamente melhoradas. Por exemplo, uma mistura de solventes de alto e baixo ponto de ebulição, 68% de ortodiclorobenzeno (ODCB) e 32% de mesiteno, poderia imprimir células solares orgânicas com morfologia íntima na mistura P3HT:PCBM, proporcionando um melhor desempenho da célula solar com uma corrente de curto-circuito maior de 8,4 mA/cm^2 , tensão de circuito aberto de 0,54 V, fator de enchimento de 0,64 e uma eficiência de conversão de energia (PCE) mais elevada de 2,9%. Por outro lado, o dispositivo preparado com uma mistura de P3HT:PCBM impressa por jato de tinta com solvente de tetraleno apresenta uma rugosidade muito grande e uma má distribuição de PCBM no domínio do P3HT, o que resulta num fraco desempenho. Mais recentemente, Hothet *al.* melhoraram ainda mais o desempenho das células solares orgânicas impressas por jato de tinta, utilizando a mistura combinada de reioregualridade (RR)-96%-P3HT e solvente ODCB/mesitraleno para controlar o processo de secagem da tinta e de formação da película. Obtiveram um tempo de gelificação adequado, melhoraram a morfologia da camada de P3HT:PCBM e alcançaram um PCE impressionante de 3,5%.[24] *Eomet al.* relataram células solares orgânicas de mistura P3HT:PCBM produzidas por camada transportadora de orifícios PEDOT:PSS impressa por jato de tinta e sugeriram que a adição de uma certa quantidade de surfactante glicerol e éter butílico de etilenoglicol (EGBE) às tintas PEDOT:PSS melhorou a morfologia da superfície e a condutividade da camada transportadora de orifícios PEDOT:PSS, resultando num melhor desempenho das células solares orgânicas. Utilizando a formulação optimizada de tinta de PEDOT:PSS para imprimir a camada transportadora de orifícios e a mistura de P3HT:PCBM como camada fotoactiva, conseguiram um PCE de 3,16% em células solares BHJ baseadas em P3HT:PCBM.[25]

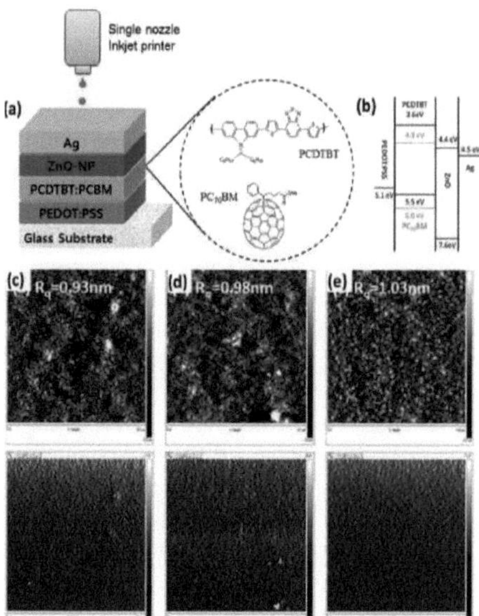

Figura 5.a) Estrutura esquemática de uma célula solar orgânica totalmente impressa por jato de tinta e processável no ar e b) alinhamento do nível de energia de cada componente. Todas as quatro camadas são produzidas por uma impressora de jato de tinta de bico único e todos os processos foram realizados em ambiente ambiente. Imagens AFM de filmes PCDTBT: PC70BM impressos por jato de tinta c) revestidos por rotação a partir de 100% CB; d) revestidos por rotação a partir de uma mistura de solventes de 50% CB, 40% MT e 10% CF; e e) impressos por jato de tinta a partir de uma mistura de solventes de 50% CB, 40% MT e 10% CF. Reproduzido com permissão da ref. [26], Copyright 2014,John Wiley and Sons.

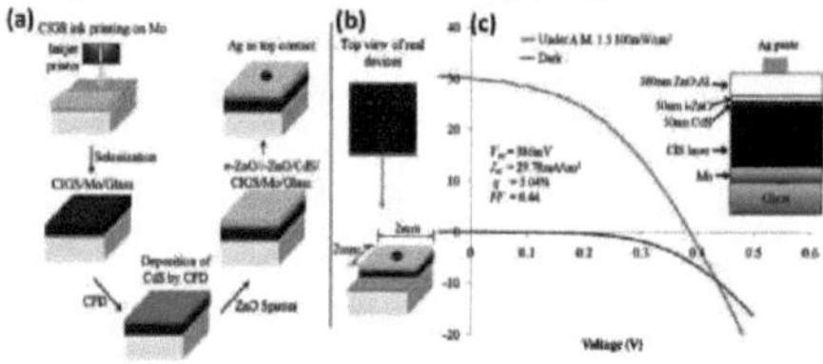

Demonstraram ainda células solares orgânicas fabricadas por impressão a jato de tinta da camada fotoactiva de P3HT:PCBM e da camada transportadora de orifícios de PEDOT:PSS, e os resultados sugeriram que a adição de aditivos com elevado P.B., incluindo 1,8 octanoditiol (ODT), ODCB e cloronaftaleno (Cl-naph), à dispersão fotoactiva no solvente CB afectava drasticamente as propriedades morfológicas e optoelectrónicas e o desempenho global da célula solar. Um dispositivo impresso a partir de tinta formulada com ODT apresentou o melhor desempenho global com PCE de 3,71%. Assim, o desenvolvimento de uma formulação adequada de tintas multicomponentes para ajustar as propriedades morfológicas das células solares BHJ impressas por jato de tinta é um passo essencial para a impressão por jato de tinta de células fotovoltaicas orgânicas de elevado desempenho. A inclusão de aditivos com elevado P.B. permite uma secagem controlada e, por conseguinte, tempo suficiente para a formação da película da camada fotoactiva, melhorando assim a cristalinidade do polímero fotoactivo. Além disso, a molhabilidade das tintas P3HT:PCBM na camada de PEDOT:PSS também pode ser melhorada, pelo que a camada ativa produzida terá uma elevada uniformidade e uma morfologia de película fina e o efeito de anel de café será reduzido.[28]

Embora a tecnologia de impressão a jato de tinta tenha demonstrado a sua versatilidade no fabrico do componente ativo e/ou da camada condutora de orifícios, é altamente desejável o desenvolvimento de um processo de impressão a jato de tinta compatível com o ambiente. Aernoutset *al.*[29] demonstraram células solares de mistura de P3HT:PCBM impressas por jato de tinta em ambiente ambiente, utilizando uma mistura de polímero:fulereno dissolvida numa mistura do solvente principal CB e do solvente de elevado B.P. tetrahidronaftaleno (THN). Verificaram que um equilíbrio entre a viscosidade da tinta e a humidade da superfície é fundamental para uma camada ativa lisa com uma pequena rugosidade superficial, produzindo dispositivos com PCE de 1,4% em condições simuladas de AM1.5. A adição de um solvente com elevado P.B. pode também ajudar a evitar o entupimento do bocal. Recentemente, Jung e colaboradores[26] comunicaram o fabrico de células solares orgânicas processáveis a ar, totalmente impressas por jato de tinta, com a estrutura de PEDOT:PSS/poly[N-9'-heptadecanil-2,7-carbazole-alt-5,5-(4',7'-di-2-thienyl- 2',1',3'-benzothiadiazole)]:[6,6]-phenyl-C71-butyric acid methyl ester (PCDTBT:PC70BM)/ZnO/Ag. A dispersão aquosa de PEDOT:PSS de alta condutividade foi impressa para substituir o ITO como ânodo. Foram adicionados 5wt% de DMSO e 0,1wt% de fluorosurfactante à tinta PEDOT: PSS para preparar uma película altamente condutora e uniforme. Uma mistura de PCDTBT:PC70BM (na proporção de 1:4) doador/aceitador dispersa numa mistura de volume 5:4:1 de CB, mesiteno (MT) e solvente ternário clorofórmio (CF) foi então impressa na camada de PEDOT:PSS. Verificou-se que a camada de mistura PCDTBT:PC70BM impressa por jato de tinta apresentava uma propriedade morfológica (ver Figura 5) e uma dinâmica de estado excitado semelhantes às das suas contrapartes revestidas por centrifugação. Os dispositivos fotovoltaicos orgânicos totalmente impressos por jato de tinta apresentaram um PCE médio de 2%. A vantagem digna de nota neste trabalho foi o facto de todos os processos de fabrico e de medição terem sido realizados no ar à temperatura ambiente. O desempenho poderia ser drasticamente melhorado para 5% através da deposição do cátodo *por* evaporação. Os efeitos dos aditivos nas células solares orgânicas impressas por jato de tinta estão resumidos na Tabela 1.

Apesar do seu papel versátil no fabrico de células solares orgânicas, a impressão a jato de tinta de células solares inorgânicas continua a ser um desafio. As partículas em suspensão nas tintas inorgânicas têm uma forte tendência para se aglomerarem, levando a um aumento da viscosidade e, consequentemente, ao entupimento dos bicos. Estes desafios poderiam ser atenuados ou eliminados através da conceção de formulações de tintas, por exemplo, a substituição das NPs inorgânicas na tinta pelos seus precursores dissolvíveis poderia aliviar consideravelmente a aglomeração da tinta e o entupimento dos bicos. Wang *et al.*[27] fabricaram células solares de película fina de calcopirite CuInxGa1-xSe2 (CIGS) através da impressão a jato de tinta de precursores CIGS no elétrodo de molibdénio (Mo), seguida da selenização do precursor CIGS impresso para formar uma camada absorvente de luz CIGS e da deposição de uma camada de CdS do tipo n e de uma camada de janela de ZnO, como se mostra na Figura 6. Conseguiram células solares CIGS impressas por jato de tinta com corrente de curto-circuito, tensão de circuito aberto, fator de enchimento e PCE de área total de 29,78 mA/cm^2 , 386 mV, 0,44 e 5,04%, respetivamente. Pi *et al.* demonstraram também a impressão a jato de tinta de pontos quânticos de Si (Si-QD) em células solares de Si policristalino e verificaram que o PCE das células solares de Si policristalino podia ser melhorado em 2% (de 17,2% para 17,5%), o que foi atribuído tanto à banda de absorção de deslocamento descendente da zona UV (<400 nm) para o comprimento de onda longo em torno de 773 nm, como ao aumento da absorção por películas porosas de Si-QD na superfície da célula solar.[30] A demonstração bem sucedida da impressão a jato de tinta de camadas inorgânicas alargará significativamente a aplicação da técnica de impressão a jato de tinta no fabrico de células solares.

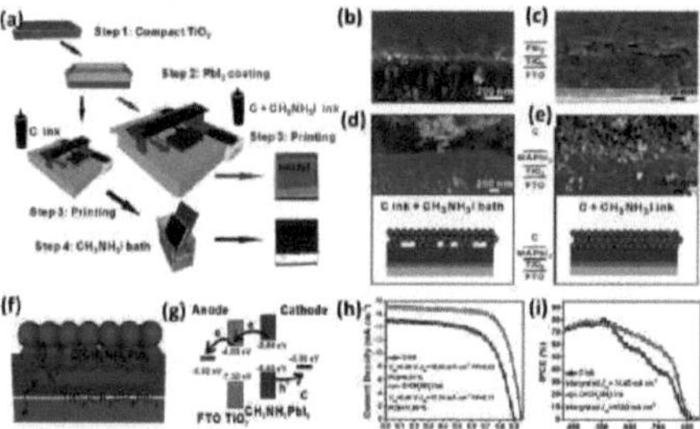

Figura 7. a) Fluxograma de fabrico para a impressão a jato de tinta das células solares planas de perovskite C/CH3NH3PbI3. Para efeitos de comparação, foi também demonstrada outra estratégia de fabrico numa etapa separada 3 e 4 para converter PbI2 em CH3NH3PbI3; b) Imagem SEM (vista de secção transversal) da camada compacta de TiO2 depositada por tratamento com TiCl4. c) Imagem SEM (vista de secção transversal) da película fina de TiO2/PbI2 revestida por centrifugação múltipla. d),e) Imagens SEM de secções transversais e a correspondente ilustração esquemática de células solares TiO2/ CH3NH3PbI3/C impressas a jato de tinta a partir da tinta C (d) e da tinta C+CH3NH3I (e); f) Uma configuração básica; g) diagrama de níveis de energia; h) características *J-V*; i) os perfis IPCE dependentes do comprimento de onda das células solares fabricadas, respetivamente, a partir da tinta C e da tinta C+CH3NH3 I. Reproduzido com permissão da ref.[31], Copyright 2014,John Wiley and Sons.

Na última década, as células solares híbridas orgânico-inorgânicas de perovskite surgiram como uma solução competitiva para a captação de energia solar, com o PCE a aumentar dos 2,2% iniciais para mais de 20%.[32, 33] Foi revelado que as propriedades fotovoltaicas ideais dos materiais de perovskite (CH3NH3PbI3 e CH3NH3PbI3-xClx), incluindo um hiato de banda direto adequado e sintonizável, elevadas mobilidades de electrões e buracos,[34] elevado coeficiente de absorção, excelente comprimento de difusão (equilibrado) do transporte de portadores (100 a 1000 nm),[35] e elevada tolerância a defeitos, contribuíram para o aumento do PCE. Além disso, os materiais de perovskite são processáveis em solução, de baixo custo e adequados para a impressão por jato de tinta. Wei *et al.* demonstraram a impressão a jato de tinta de células solares de perovskite com uma estrutura plana, em que uma camada de nanocarbono com um padrão e uma interface controlados com precisão foi utilizada como camada de extração de orifícios, como se mostra na Figura 7a-e.[31] Verificaram que a camada fotoactiva CH3NH3PbI3 podia ser facilmente impressa a jato de tinta e convertida através da formulação de um precursor de tinta (nanocarbono e CH3NH3I) para transformação in-situ da camada de PbI2. Após a impressão, foi possível construir instantaneamente uma interface interpenetrante sem descontinuidades entre a camada ativa de CH3NH3PbI3 e o elétrodo de extração de furos de carbono, o que reduziu notavelmente a recombinação de cargas, como se mostra nas figuras 7c, 7e e 7f. A estrutura final do dispositivo das células solares TiO2/CH3NH3PbI3/C é apresentada na Figura 7f. O diagrama de níveis de energia na Figura 7g indica os processos de transferência e transporte de carga nas células solares. Quando a célula solar está sob excitação luminosa, são gerados pares eletrão-buraco na camada CH3NH3PbI3 e, em seguida, os electrões e os buracos são transferidos para a banda de condução e a banda de valência do CH3NH3PbI3, respetivamente. Devido ao alinhamento adequado dos níveis de energia, o eletrão será injetado da banda de condução (~3,86 eV) do CH3NH3PbI3 para a banda de condução do TiO2 (~4,00 eV), sendo finalmente recolhido pelo vidro de óxido de estanho dopado com flúor (FTO). Entretanto, os buracos são aceites pela camada de nanocarbono através da interface C/CH3NH3PbI3 da banda de valência do CH3NH3PbI3 para o C, como se mostra na Figura 7g. Consequentemente, a célula solar de perovskite produziu um PCE consideravelmente mais elevado, até 11,60%, como se pode ver nas figuras 7h e 7i. Este método constitui um passo importante no sentido do fabrico de células solares de perovskite altamente eficientes, a baixo custo, em grande escala e sem eléctrodos metálicos.

Os exemplos acima referidos indicam que a impressão por jato de tinta é um candidato de processamento rentável para a incorporação de dispositivos fotovoltaicos em aplicações electrónicas ou para a produção de módulos fotovoltaicos. Embora o desempenho atual dos dispositivos impressos por jato de tinta não possa satisfazer os requisitos das aplicações comerciais, os progressos realizados até à data são promissores.

Tabela 1: Efeitos dos aditivos no desempenho das células solares orgânicas impressas por jato de tinta.

Materiais impressos	Solventes	Aditivos	Desempenho e razões	
PEDOT:PSS[21]	Diluído com 75% de água desionizada		PCE=3,3%, é comparável com o dispositivo revestido por centrifugação.	
F8BT: PFB[22]	p-xileno		PCE~2% no comprimento de onda de 380 nm, que é superior ao dos dispositivos revestidos por centrifugação, devido a uma separação de fases mais fina.	
P3HT:PCBM[23, 24]	ODCB/mesitílico ene		PCE=2,9 %-3,5%	A mistura de solventes controlou a secagem da tinta e melhorou a morfologia da película.
	Tetraleno		PCE =1,29%	
PCDTBT:PC70BM[26]	ODCB/mesitílico ene		PCE=4%	A adição de clorofórmio conduz a uma camada ativa homogénea.
		Clorofórmio	PCE=5%	
PEDOT:PSS[25]	Tetraleno		PCE =2,09%	Os aditivos melhoraram a

		Glicerol/EG BE	PCE =3,16%	morfologia da superfície e a condutividade da camada de transporte de orifícios do PEDOT:PSS.
P3HT:PCBM[28]	Clorobenzeno		PCE=1,97%	Os aditivos melhoraram a filmorfologia e a absorção de luz, e reduziram as perdas por recombinação.
		ODT	PCE=3,71%	

3.2 Díodos emissores de luz

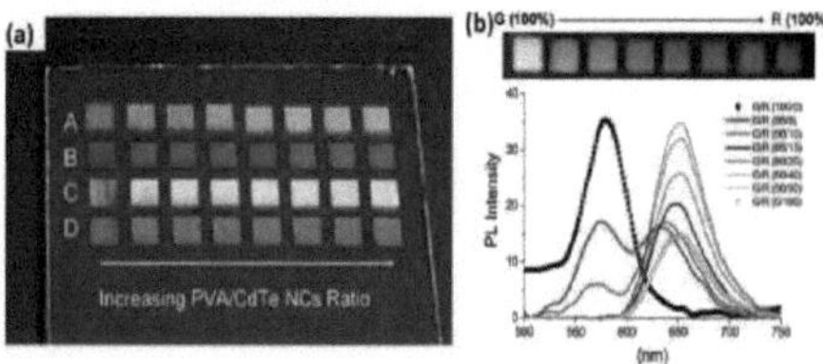

Figura 8. a) Imagens ópticas de uma biblioteca impressa por jato de tinta de camadas compósitas de NCs de CdTe/PVA que emitem em diferentes comprimentos de onda. O teor de PVA na solução utilizada para a impressão foi sistematicamente variado da esquerda para a direita em cada fila: de 0 a 1,4% em peso, com um incremento de 0,2% em peso. Os rácios molares correspondentes de PVA/CdTe NCs nas películas vão de 0 (0/1,6 × 10^{-8}) a 21,9, com um incremento de 3,12. b) Fotografia de uma biblioteca impressa a jato de tinta contendo NCs de CdTe com emissão mista de verde e vermelho (em cima). Os correspondentes espectros PL (em baixo). Reproduzido com permissão da ref. [36], Copyright 2006,John Wiley and Sons.

Como dispositivos optoelectrónicos emergentes, os LEDs podem emitir luz com elevada eficácia luminosa e brilho. Têm sido efectuados estudos intensos para a utilização de nanocristais coloidais semicondutores (NCs) e semicondutores orgânicos como componentes constituintes dos LEDs, incluindo o filtro de cor, a camada emissora e a camada de transporte de orifícios.[1, 37] O processo de otimização das estruturas dos dispositivos LED requer normalmente o ajuste de diferentes espessuras de camadas e a determinação de concepções óptimas dos dispositivos. O fabrico repetido de dispositivos e os procedimentos de medição são, por sua vez, necessários para a otimização, o que normalmente consome muito tempo e materiais.[1] A impressão a jato de tinta, que se baseia num processo de escrita direta e evita a utilização de qualquer máscara, é, assim, uma técnica adequada para estudos combinatórios de vários dispositivos.[38, 39]

Tekinet *al.*[40] utilizaram a técnica de impressão a jato de tinta para estudar os efeitos de várias cadeias laterais e espessuras de película nas propriedades de emissão de seis polímeros conjugados π à base de poli(fenileno-etinileno)/poli(p-fenilenovinileno) (PPE/PPV). Graças à técnica de impressão a jato de tinta, puderam examinar as influências de vários parâmetros (cadeia lateral e espessura da película) de uma forma paralela.

Os resultados sugerem que o comprimento de onda de emissão dos polímeros impressos depende fortemente das interacções entre cadeias, que são mais fortes nas películas mais espessas e variam com as cadeias laterais. Além disso, a cor da emissão pode ser significativamente alterada pelo recozimento, aumentando a agregação das cadeias poliméricas.

A fotoluminescência (PL) de NPs de CdTe impressas por jato de tinta foi demonstrada pelo mesmo grupo.[36] Uma mistura aquosa de NPs de CdTe estabilizadas por surfactantes com 1 wt% de álcool polivinílico (PVA) e uma concentração variada de etilenoglicol (0-20 vol%) foi impressa por jato de tinta em ITO e vidro. Observaram que a formação de anéis de café foi drasticamente suprimida com 2 vol% de glicol, enquanto as películas com menor rugosidade só foram produzidas quando o PVA foi incluído na mistura, demonstrando o papel fundamental da mistura de solventes no controlo da morfologia das películas finais. Os resultados de PL demonstraram que se produzia uma forte emissão quando as NPs de CdTe eram incorporadas na matriz de PVA. Mas quando o cloreto de poli(cloreto de dialildimetilamónio) (PDDA) foi utilizado como matriz, a emissão das NPs de CdTe foi enfraquecida. O aumento da intensidade de PL nos filmes em que as NPs de CdTe foram embebidas em PVA foi atribuído ao aumento do espaço inter-partículas, impedindo a interação inter-partículas que resulta em auto-enfraquecimento da PL (Figura 8a). Nos filmes impressos a partir de uma mistura de partículas grandes (3,5 nm) e pequenas (2,6 nm), observou-se uma diminuição gradual da intensidade de emissão das partículas pequenas (emissão verde) e um aumento gradual da intensidade de PL das partículas maiores (emissão vermelha), indicando o processo de transferência de energia ressonante de Förster, em que a energia é transferida das NPs dadoras mais pequenas para as NPs aceitadoras maiores, como se mostra na Figura 8b. Este método pode, em princípio, ser utilizado para o fabrico prático de LEDs, reduzindo consideravelmente as flutuações e incertezas do processo e do ambiente no processamento sequencial de configurações de dispositivos variados.

A impressão por jato de tinta foi também utilizada para preparar OLED com base em pequenas moléculas que eram normalmente preparadas através de processos de vácuo. Jung *et al.*[41] demonstraram que o fabrico de OLEDs através da impressão por jato de tinta de 5 wt% de tris(2-fenilpiridina)irídio(III) (Ir(ppy)3) dopado com tinta de 4,4'-Bis(carbazol-9-il)bifenilo (CBP) como material emissor de luz numa camada de transporte de orifícios de 4,4',4''-tris(carbazol-9-il)trifenilamina (TCTA) com 40 nm de espessura. Os OLEDs exibiram alto desempenho com alta potência e eficiências quânticas externas (EQE) de 29,9 lm/W e 11,7%, respetivamente.

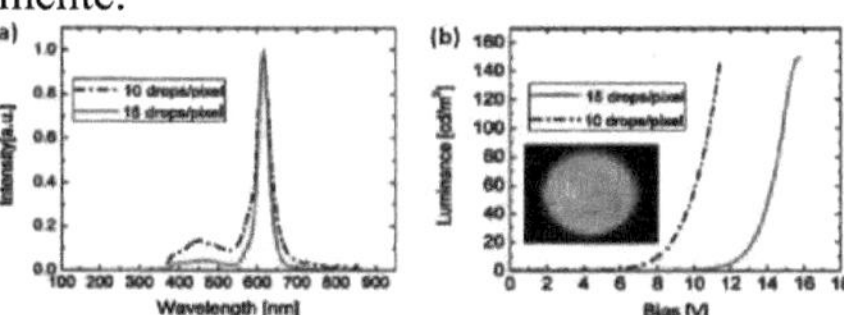

Figura 9. a) Espectros de emissão de dispositivos com dez gotas por pixel (curva

tracejada) e 15 gotas por pixel (curva sólida); b) Luminância vs. tensão aplicada. Inset: uma fotografia ótica de LEDs QD (243 píxeis com um cátodo comum) à tensão de funcionamento de 12 V.Reproduzido com permissão da ref. [42], Copyright 2009, AIP Publishing LLC.

Haverinenetal.[42] relataram a existência de LEDs brilhantes a partir de pontos quânticos (QDs) de CdSe/ZnS impressos por jato de tinta, colocados entre um polímero transportador de buracos e uma camada de transporte de electrões de 1,3,5-tris(2-N-fenilbenzimidazolil (TPBi). Os CdSe/ZnSQDs estabilizados com octadecilamina foram dissolvidos em CB e impressos por jato de tinta ao ar sobre uma camada reticulada de poli(N,N'-bis(4-butilfenil)-N,N'-bis(fenil)benzidina) (poli-TPD). Subsequentemente, a estrutura impressa foi coberta por uma camada de transporte de electrões de 20 nm de TPBi e também por um cátodo de LiF/Al através de deposição em vácuo. Os LEDs apresentaram um EQE e um brilho de 0,19% e 381cd/m^2 (a 15,9V), respetivamente. Além disso, a impressão a jato de tinta de QDs de CdSe/ZnS também alargou as suas aplicações em ecrãs, imprimindo dispositivos num substrato pré-padronizado com uma matriz de gráficos de vídeo de um quarto. A estrutura do dispositivo foi concebida como vidro/ITO/poly-TPD/QDs impressos/TPBi/LiF/Al, com 243 pixéis sob um cátodo comum. As tensões operacionais definidas para um brilho de 1 cd/m^2 dos dispositivos são de 6 V e 10,6 V para 10 gotas por pixel e 15 gotas por pixel, respetivamente. O brilho máximo de 150 cd/m^2 pode ser obtido a cerca de 12 V e 16 V para o dispositivo com 10 e 15 gotas por pixel, respetivamente (Figura 9). Este estudo também demonstrou que o controlo da cor emitida pode ser conseguido simplesmente optimizando o número de gotas impressas por pixel. Wood *et al.*[43] relataram um ecrã plano de eletroluminescência alternativo, a cores, constituído por películas finas de QDs de CdSe/ZnS luminescentes impressas por jato de tinta, que absorvem primeiro a eletroluminescência azul de uma camada de fósforo constituída por pós de ZnS:Cu e depois emitem fotões num comprimento de onda mais longo, caraterístico do intervalo de banda dos QDs de CdSe/ZnS. Os QDs de CdSe/ZnS e a tinta de poli-isobutileno (PIB) foram impressos a jato de tinta sobre ITO para formar as camadas de emissão vermelho-verde-azul e revestiram a camada de fósforo sobre a camada composta de QD-PIB. Verificou-se também que o efeito de anel de café podia ser suprimido optimizando a proporção de octano para hexano na mistura de solventes. O controlo da luminância e da cor é fundamental para aplicações específicas de visualização e pode ser ajustado optimizando a espessura da camada de compósito QD-polímero.

Singh *et al.*[44] fabricaram OLED por impressão a jato de tinta de uma tinta polimérica que inclui poli(9-vinilcarbazol) (PVK) como polímero transportador de orifícios e 2-4-bifenil-5-4-tertbutil-fenil-1,3,4-oxadiazol (PBD) como polímero transportador de electrões. Macromoléculas fosforescentes à base de ferro ancoradas numa molécula de oligómeros poliédricosilsesquioxano (Ir@POSS) foram também adicionadas à tinta como corante luminescente. O dispositivo demonstrou um pico de luminância de mais de 6000 cd/m^2 com uma tensão de ativação relativamente baixa de 6,8 V (definida a uma luminância de 5 cd/m^2) e uma eficiência quântica de 1,4%. No entanto, foi indicado que a rugosidade da interface (resultante do efeito de anel de café) das camadas impressas determina significativamente o desempenho do dispositivo. Além disso, aumentaram a luminância de pico para 10000 cd/m^2 com eficiências quânticas de pico de cerca de 2,5%.[45] Lee *et al.*[46] desenvolveram uma tecnologia de impressão a jato de tinta para a realização de impressão multicamadas (tanto a camada emissora de luz como a camada transportadora de orifícios), controlando as condições de humedecimento e alinhando visualmente as multicamadas. Fabricaram com êxito um OLED e demonstraram o seu funcionamento básico, imprimindo sequencialmente a jato de tinta uma camada de injeção de orifícios com tinta PEDOT:PSS e uma camada emissora de luz com tinta poli[2-metoxi-5-(2- etil-hexiloxi)-1,4-fenilenovinileno] (MEH-PPV), embora o dispositivo não pudesse cumprir os requisitos de comercialização em termos de brilho e tensão de funcionamento.

Devido a uma boa compatibilidade entre o processo de solução e o método de modelação direta, foi desenvolvido um método de impressão a jato de tinta para ecrãs OLED multicoloridos. Yang *et al.*[47] demonstraram o primeiro logótipo de polímero emissor de luz por impressão a jato de tinta, em que a área de emissão de luz foi definida pela película de PEDOT impressa. Em seguida, o logótipo impresso a jato de tinta foi coberto por um polímero eletroluminescente revestido a spinMEH-PPV (que serve de camada tampão) para selar os orifícios dos pinos. Posteriormente, alargaram a técnica de impressão a jato de tinta para fabricar ecrãs OLED multicoloridos com padrões controlados de píxeis emissores de luz orgânica multicoloridos vermelho-verde-azul.[48] Utilizaram o PVK de emissão azul como camada tampão (preparado por revestimento por centrifugação), enquanto os dopantes impressos por jato de tinta, 4-dicianometileno-2-metil-6-(pdimetilaminostrilo)-4H-pirano (DCM) e tris(4-metil-8-quinolinolato)Al(III)(Almq3), foram impressos na parte superior da camada tampão de PVK. Utilizando a camada tampão (PVK de emissão azul) como camada de transporte de orifícios, foram fabricados OLED multicoloridos, em que a emissão laranja-vermelha foi obtida a partir da estrutura de bicamada PVK/DCM e a emissão verde-azul foi obtida a partir da estrutura de bicamada PVK/ALmq3. No entanto, o desempenho do dispositivo dos OLED impressos a jato de tinta não conseguiu competir com o dos OLED fabricados pelo processo de sublimação térmica. Kobayashi *et al.*[49] demonstraram um ecrã OLED através da impressão a jato de tinta do polímero emissor de luz PPV para um emissor verde e do PPV com Rodamina 101 (R-PPV) para um emissor vermelho. Subsequentemente, o poli(di-octilflúor) (F8) foi revestido por rotação sobre a camada de PPV, funcionando como uma camada de transferência de electrões ou um emissor azul. O dispositivo era acionado por um substrato de transístor de película fina (TFT) e apresentava uma imagem multicolorida utilizando o ecrã TFT-LED. O painel de visualização tinha cerca de 2 polegadas, com um tamanho de pixel de 11×82 μm^2 e uma distância entre linhas de 52 μm. O brilho do ecrã era de cerca de 30 cd/m^2, consumindo 0,7 W de energia.

A impressão a jato de tinta de um verdadeiro ecrã LED a cores com alta resolução é um passo em frente para as aplicações comerciais. Gohdaet *al.*[50] demonstraram um ecrã AMPLED a cores de 3,6 polegadas e 202 ppi utilizando a técnica de impressão a jato de tinta. Imprimiram três ecrãs camadas, camada de transporte de orifícios, camada intermédia e camada de emissão com uma cabeça de impressão de jato de tinta de 7 picolitros numa placa posterior de matriz ativa de Si de grão contínuo, como se mostra na Figura 10a. A alta resolução foi conseguida utilizando uma cabeça de impressão mais pequena e também um tratamento de superfície adequado do substrato. A formulação da tinta é também crucial para controlar a rugosidade da superfície da camada orgânica impressa, determinando o desempenho final do ecrã OLED. Através da otimização criteriosa do processo de impressão e da formulação da tinta, foi possível obter um ecrã de resolução muito elevada (202 ppi) utilizando a técnica de impressão a jato de tinta (Figura 10b). Chen *et al.*[51] também apresentaram um painel OLED de 65 polegadas impresso por jato de tinta com 34 ppi. O painel foi preparado através da impressão por jato de tinta de materiais orgânicos processáveis em solução para a camada de injeção de orifícios (HIL), a camada de transporte de orifícios (HTL) e as camadas emissoras (EML) para várias cores (vermelho, verde e azul) na placa posterior do TFT (Figura 11a). Descobriu-se que o ajuste fino da taxa de secagem no vácuo após a impressão beneficia a produção de píxeis uniformes, como se mostra na Figura 11b. Demonstrou-se ainda com êxito um painel OLED de 200 ppi fabricado pela técnica de impressão a jato de tinta.[52] Verificaram que a resolução do padrão impresso era determinada pela precisão da máquina e pela precisão da deslocação da gota. Ao otimizar o ângulo e a largura do banco, a precisão da deslocação das gotas pode ser melhorada, aumentando ainda mais a resolução dos padrões impressos. Outro fator importante que afecta a resolução é o volume de tinta, que determina o diâmetro das gotas e a precisão final dos padrões, como se mostra na Figura 11c.

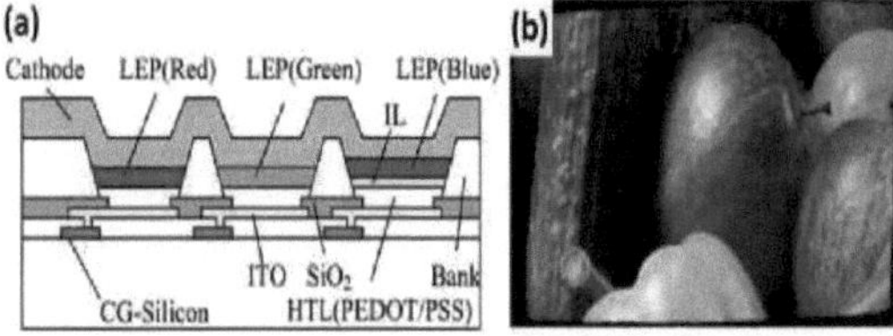

Figura 10. a) Um risco em corte transversal mostrando a estrutura esquemática de um ecrã AMPLED a cores impresso por jato de tinta; b) Um exemplo de imagem de um ecrã de alta resolução.Reproduzido com permissão da ref. [50], Copyright 2006,John Wiley and Sons.

Figura 11. a) Diagrama esquemático da estrutura OLED impressa a jato de tinta; b) Imagem à luz do painel de ecrã OLED de 65 polegadas; c) O desenho dos píxeis para o painel de resolução de 200 ppi. a)-b) são reproduzidos com permissão da ref. [51], Copyright 2014,John Wiley and Sons. c) é reproduzido com permissão da ref. [52], Copyright 2015,John Wiley and Sons.

A resolução pode ainda ser melhorada através da otimização da conceção do padrão de píxeis. Além disso, a impressão EHD, que pode gerar gotículas mais pequenas do que a abertura do bocal, proporcionará uma solução para a impressão de LEDs para ecrãs de alta resolução. Kim *et al.*[53] demonstraram a impressão de alta resolução de camadas de QDs com espessura controlada com precisão e resolução lateral até ao submicrómetro como camadas activas em LEDs de QDs com impressão a jato de tinta EHD. A tinta é composta por QDs (CdSe/CdZnSeS verde ou CdSe/CdS/ZnS vermelho com núcleo/casca) dispersos em solventes orgânicos. Aplicando uma tensão de polarização entre um substrato e um capilar de vidro revestido de metal, o fluxo de tinta pode ser puxado através de uma abertura fina (por exemplo, 5 μm) na extremidade do bocal. Os resultados da caraterização por AFM sugerem que o perfil dos padrões impressos pode ser controlado com precisão, com uma resolução em altura de dezenas de nm e uma resolução lateral de sub- μm. A espessura da camada de QDs é um fator crucial que determina o desempenho de um LED de QDs. A modelação arbitrária da camada de QDs pode ser realizada através do movimento programado simultâneo do substrato e do controlo da tensão. O LED QD verde final, constituído por ITO/PEDOT:PSS/TFB/QDs de CdSe/CdZnSeS impressos/ZnO/Al, apresentou uma luminância máxima e uma EQE de 36000 cd/m^2 e 2,5%, respetivamente. A luminância e a EQE máximas do LED QD vermelho ITO/PEDOT:PSS/TFB/impresso CdSe/CdS/ZnS QDs/ZnO/Al são 11250 cd/m^2 e 2,6%, respetivamente, como se mostra na

Figura 12. A impressão a jato de tinta EHD de OLED orgânicos de pequenas moléculas com uma largura de pixel tão pequena como 5 µm foi também demonstrada recentemente.[54] A impressão por jato de tinta EHD de camadas de emissão de pequenas moléculas com uma superfície impecável e uma morfologia uniforme resulta no funcionamento altamente eficiente e fiável dos OLED, ultrapassando os OLED fabricados pela tecnologia convencional de impressão por jato de tinta. Pensa-se que a capacidade de imprimir OLED de pequenas moléculas de alta resolução representa o potencial substancial da impressão a jato de tinta EHD para ecrãs de alta definição e de baixo custo no futuro.

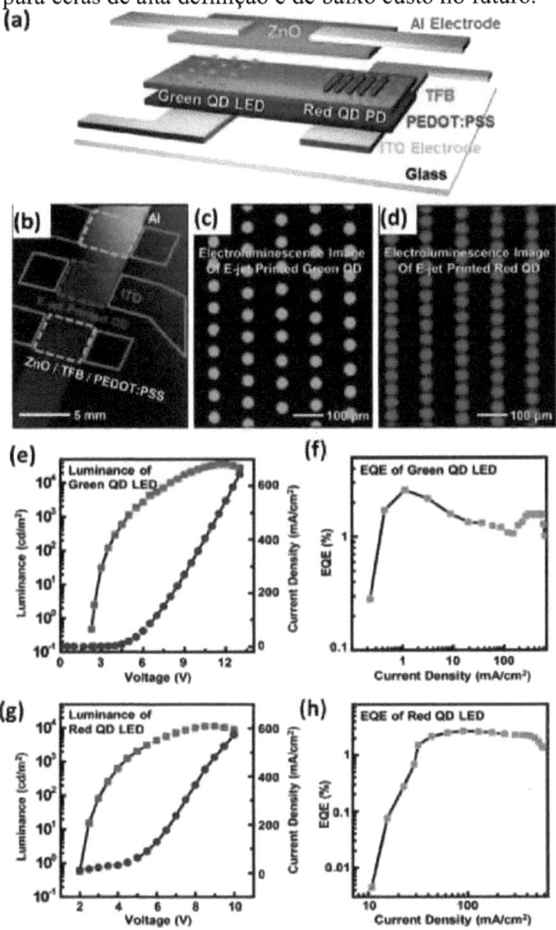

Figura 12. LEDs QD fabricados por impressão a jato de tinta EHD de matrizes homogéneas de QDs a, b) Ilustração esquemática e descrição fotográfica dos LEDs QDs. c, d) Imagens de eletroluminescência de LEDs QDs verdes e vermelhos. As velocidades de estágio para os QDs verde e vermelho foram de 50 µm/s e 30 µm/s, respetivamente). e, f) Gráficos de densidade de corrente-tensão (J-V), luminância-tensão (L-V) e EQE do LED QD verde. g, h) Gráficos de J-V, L-V e EQE do LED QD vermelho. Reproduzido com permissão da ref. [53], Copyright 2015, American Chemical Society.

Tabela 2: Desempenho dos LEDs impressos por jato de tinta.

Tinta impressa	Estrutura de LED ou ecrã	Desempenho
DCM:Almq3[48]	ITO/PEDOT/PVK/ DCM:Almq3/Ca	A luminância é de cerca de 25 cd/m^2, o EQE é de 0,05%, o que é inferior ao do dispositivo fabricado por evaporação térmica, devido à presença de humidade residual e O$_2$.
QDs de CdSe/ZnS [42]	ITO/poli-TPD/QDs impressos /TPBi(20nm) /LiF(1,5nm)/Al(180nm)	EQE de 0,19%, luminosidade de 381cd/m^2 a 15,9V.
PVK:PBD:Ir@POS$_s$ [44]	ITO/PEDOT:PSS/ PVK:PBD:Ir@POSS/BCP/Li F/Al	A luminância de pico é de 6000-10000 cd/m^2, EQE de 1,4%-2,5%, que é inferior à dos dispositivos revestidos por centrifugação, devido ao efeito de anel de café.
CBP:Ir(ppy)3 [41]	ITO/TCTA(40nm)/CBP:Ir (ppy)3 (20 nm)/BCP (10 nm)/Alq3 (40 nm)/LiF(1 nm)/Al (100 nm)	O EQE é de 11,7%, a eficiência energética é de 29,9 lm/W, comparável à dos dispositivos fabricados por deposição em vácuo.
PPV, R-PPV[49]	ITO/PEDOT/PPV/F8/Catod o (azul) ITO/PEDOT/R-PPV/F8/Cátodo (verde) ITO/PEDOT/F8/Cátodo (vermelho)	A luminância do ecrã de 2 polegadas era de cerca de 30 cd/m^2, consumindo 0,7 W de energia.
PEDOT-PSS, Interlayer(IL) e Camada emissora de luz (LEP) [50]	ITO/PEDOT:PSS(60nm)/ IL(10nm)/LEP(80nm)/Ba/Al	A luminância é de 200 cd/m^2; a EQE é de 4% na janela. A adição de solventes de elevado ponto de ebulição resulta numa superfície plana e numa película resultante lisa.

Camada de injeção de furos (HIL), camada de transporte de furos (HTL) e camadas emissoras (EML) para várias cores (vermelho, verde e azul)[51, 52]	ITO/HIL/HTL/EML(vermel ho:verde:azul) /ETL/Al	A luminância é de 200 cd/m^2.
CdSe/CdZnSeS QDs e CdSe/CdS/ZnS QDs[53]	ITO/PEDOT:PSS/TFB/QDs impressos/ZnO/Al	QDs CdSe/CdZnSeS: a luminância e o EQE são 36000 cd/m^2 e 2,5%; QDs CdSe/CdS/ZnS: a luminância e o EQE são 11250 cd/m^2 e 2,6%.

O desempenho dos LEDs impressos por jato de tinta está resumido na Tabela 2. Os exemplos de aplicação apresentam as promessas oferecidas pela tecnologia de impressão a jato de tinta para o fabrico de LEDs para sinalização e eletrónica personalizada. O fabrico de LEDs com base na impressão a jato de tinta tem vantagens óbvias na redução dos custos de material, aumentando velocidade de produção, flexibilidade, precisão e capacidade de aumento de escala. No entanto, ainda existem desafios, como a contaminação e os caminhos de corrente parasitas, que estão a ser abordados através da investigação em curso sobre a arquitetura dos dispositivos LED. À medida que a tecnologia se torna mais amplamente disponível e aperfeiçoada, podemos esperar o seu impacto nos revestimentos industriais, nas superfícies inteligentes e na iluminação.

3.3 Fotodetectores

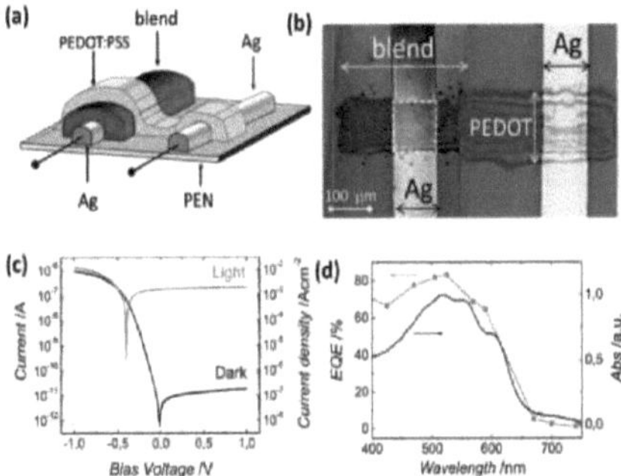

Figura 13.a) Descrição esquemática de um fotodetector impresso por jato de tinta. Foi utilizada uma banda de Ag para o contacto elétrico com a camada de PEDOT:PSS, de modo a minimizar as perdas resistivas; b) Imagem ótica de um dispositivo: O quadrado a tracejado, que é a sobreposição entre a banda vertical de Ag e a banda horizontal de PEDOT:PSS, define a área do dispositivo; c) Corrente escura e fotocorrente (densidade de potência incidente 3 mW/cm^2) do fotodetector. d) Espectro de EQE (quadrados) medido a uma polarização de 0,9 V (densidade de potência incidente: 10 mW/cm^2 e absorvância normalizada da camada ativa (linha sólida preta). Reproduzido com permissão da ref. [55], Copyright 2013,John Wiley and Sons.

A fotodetecção é extremamente importante para um vasto espetro de aplicações que vão desde a investigação ambiental e biológica até às aplicações militares, atraindo assim inúmeras atenções.[56-58] A consideração na conceção de um fotodetector é específica da aplicação, dependendo da sensibilidade à intensidade da luz, da resposta espetral e também da velocidade de resposta. Os fotodetectores podem também ser classificados em fotodíodos e fotocondutores com base nos seus mecanismos de funcionamento. Os fotodetectores têm demonstrado o seu forte impacto na tecnologia atual e na nossa vida quotidiana.[59] Nesta secção, destacamos os fotodetectores realizados pelo processo de impressão a jato de tinta.

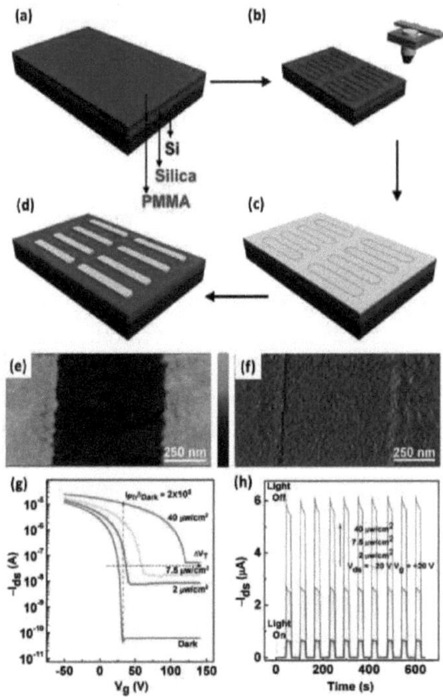

Figura 14. a) Uma camada de resistência de PMMA (3 nm de espessura) é revestida por centrifugação num substrato de sílica. b) Os solventes orgânicos foram impressos a jato de tinta sobre o PMMA para definir os eléctrodos de fonte e de dreno. c) Deposição subsequente da camada de adesão de Ti e dos eléctrodos de Au. d) Remoção do PMMA por limpeza ultra-sónica. e) Imagem AFM da película de PDPPTzBT impressa por jato de tinta ao longo da região do canal (L = 0,7 μm). f) Imagem de fase correspondente da película impressa por jato de tinta. g) Características de transferência do transístor no escuro e sob iluminação. h) Resposta de corrente de um dispositivo à iluminação on/off.Reproduzido com permissão da ref. [60], Copyright 2014,John Wiley and Sons.

A camada dador-acetor mais utilizada nos fotodetectores orgânicos é a mistura de P3HT e PCBM, devido às extensas investigações já realizadas sobre células solares BHJ orgânicas. Lilliuet al.[61] demonstraram um fotodíodo orgânico fabricado por impressão a jato de tinta da BHJ fotoactiva e/ou da camada condutora de orifícios. A estrutura do dispositivo incluía uma pilha de vidro/ITO/PEDOT:PSS como elétrodo inferior, uma mistura de P3HT:PCBM impressa por jato de tinta como camada fotoactiva e Ca e Ag evaporados como cátodo. Compararam também o desempenho dos dispositivos com os baseados na camada transportadora de orifícios revestida por spin e impressa por jato de tinta PEDOT:PSS. O dispositivo com camada de transporte de orifícios revestida por spin produziu uma capacidade de resposta de 0,32 A/W, correspondente a 63% de EQE de pico, e o dispositivo impresso por jato de tinta apresentou uma capacidade de resposta comparável de 0,27 A/W e EQE de 62%. Wojciechowskiet $al.^{62}$ demonstraram um biossensor miniaturizado altamente sensível através da impressão a jato de tinta de um fotodíodo orgânico baseado na camada fotoactiva da mistura P3HT:PCBM e na camada transportadora de orifícios PEDOT:PSS. O fotodetector apresentou uma capacidade de resposta de 0,25 A/W a 532 nm. O sistema de biossensor miniaturizado, incluindo a lâmina de vidro descartável e o fotodíodo orgânico, pode detetar a enterotoxina estafilocócica B com uma sensibilidade tão elevada como 0,5 ng/mL, o que é melhor do que os testes laboratoriais típicos baseados em ELISA e comparável à sensibilidade dos biossensores que utilizam deteção baseada em CCD e PMT.

O fotodetector orgânico totalmente impresso por jato de tinta foi relatado por Laveryet $al.^{63}$. Imprimiram Ag NPs como cátodo, uma mistura de PFB e F8BT com ~1 µm de espessura como camada ativa e um elétrodo superior de PEDOT:PSS. Foi introduzido um fluorosurfactante na tinta PEDOT:PSS para melhorar a molhabilidade, de modo a que o PEDOT:PSS também pudesse ser impresso diretamente a jato de tinta na mistura fotoactiva com boa uniformidade. O fotodetector funcionou com elevada luminância (~100-400 $\times 10^3$ lux) e apresentou um pico de EQE de 5,9% a 400 nm com uma densidade de corrente escura de 1 nA/cm^2 a 1 V de polarização inversa. A fraca uniformidade da camada impressa a jato de tinta foi a principal causa de curto-circuito ou de fuga de corrente, tendo em conta a pequena espessura da camada fotoactiva preparada por impressão a jato de tinta. Azzellinoet $al.^{55}$ conseguiram imprimir a jato de tinta um fotodíodo orgânico baseado na camada fotoactiva da mistura P3HT:PCBM e na camada condutora de orifícios PEDOT:PSS com um desempenho e uma reprodutibilidade muito superiores, melhorando a morfologia da camada fotoactiva e da camada condutora de orifícios, como se mostra na Figura 13a-b. O excelente controlo obtido no processo de impressão resulta num elevado rendimento e reprodutibilidade da produção. Foi possível obter uma espessura média de cerca de 120 nm e uma mistura de P3HT:PCBM fotoactiva sem perfil de anel de café através da mistura dos solventes 1,2-diclorobenzeno e mesiteno para utilizar o efeito Marangoni, atenuando o efeito de anel de café. A impressão a jato de tinta de pequeno volume e o pós-tratamento adequado podem contribuir para o elevado desempenho do fotodetector orgânico impresso a jato de tinta. O fotodetector apresentou uma capacidade de resposta de 0,39 A/W a 525 nm com uma tensão de polarização inversa de 0,9 V, um EQE superior a 60% numa vasta gama de comprimentos de onda até 600 nm e um pico de 83% a 525 nm (Figura 13c-d).

Para além dos semicondutores orgânicos de absorção de luz à base de politiofenos, Pace $et\ al.^{64}$ demonstraram a possibilidade de imprimir a jato de tinta misturas activas que incluem fulerenos e pequenas moléculas conjugadas. Uma mistura baseada em moléculas conjugadas de intervalo de banda estreita 7,7'-(4,4-bis(2-etilhexil)-4H-silolo[3,2-b:4,5-b'] ditiofeno-2,6-diil)bis(6-fluoro-4-(5'-hexil-[2,2'-bitiofeno]-5-il) benzo[c][1,2,5] tiadiazol(T1) e fullereno PCBM como camada fotoactiva, em que uma pequena quantidade de P3HT foi adicionada à mistura para melhorar a capacidade de impressão da tinta de fulerenos e pequenas moléculas conjugadas em substratos flexíveis de naftalato de polietileno (PEN). Um poli ((9,9-bis(3'-(N,N-dimetilamino) propil)-2,7-fluoreno)-(alt-2,7-(9,9-dioctilfluoreno)) (PFN) foi inserido entre o elétrodo inferior e o material ativo como uma camada intermédia para diminuir a diferença da função de trabalho do elétrodo e melhorar a sua molhabilidade. A resposta espetral foi alargada até 750 nm, devido ao estreito intervalo de banda das pequenas moléculas conjugadas. Além disso, foi possível fabricar um dispositivo totalmente orgânico e semitransparente através do método de impressão a jato de tinta, substituindo o elétrodo inferior de Ag por um elétrodo impresso de PEDOT:PSS/PFN. Os EQE foram medidos em 30% e 60% a ~550 nm para a mistura ternária e um P3HT: PCBM na configuração semitransparente, respetivamente. Kim *et al.*[65] fabricaram fototransístores orgânicos com uma estrutura de contactos suspensa de fonte superior e de dreno, imprimindo a jato de tinta uma película de 6,13- bis (triisopropilsililetinil) pentaceno (TIPS pentaceno) como material fotoactivo.

Sob uma intensidade de luz branca em estado estacionário de 9-13 mW/cm^2 , o fototransistor produz uma relação fotocorrente/corrente escura superior a 10^6 e uma capacidade de resposta de 0,11 A/W a -10 V de tensão de porta e 1 V de tensão de polarização. Os fototransístores de polímero também foram obtidos através da impressão a jato de tinta de um copolímero de dicetopirrolopirrol-tiazolo-tiazolo (PDPPTzBT) como camada fotoactiva numa estrutura de porta inferior e de contacto inferior.[60] Os autores começaram por definir as áreas dos eléctrodos através da impressão a jato de tinta com solvente puro para remover seletivamente o fotoresistente PMMA. Após a deposição e remoção dos eléctrodos, foi possível definir o comprimento do canal, como se mostra na Figura 14a-d. Com este método, a largura mínima do canal pode atingir 700 nm. O PDPPTzBT foi também depositado na área do canal através da impressão a jato de tinta da formulação de PDPPTzBT em solventes mistos de diclorobenzeno/tolueno (v/v=95/5), seguida de recozimento térmico numa caixa de luvas cheia de azoto a 120°C durante 5 min (Figura 14e-f). Os dispositivos finais apresentaram uma reatividade muito elevada (10^6 A/W) sob iluminação fraca a 650 nm de comprimento de onda, como se pode ver na Figura 14g-h. Após a irradiação, a corrente de drenagem aumentou em 1 s. No entanto, depois de a luz ter sido desligada, a corrente de drenagem não diminuiu para a corrente de escuridão, mas manteve-se estável durante pelo menos 10^4 s, devido à fotocondutividade persistente (PPC). O efeito PPC pode ser eliminado através da aplicação de uma tensão de porta oposta.

Embora os materiais semicondutores orgânicos sejam mais frequentemente utilizados para provar a viabilidade do fabrico de dispositivos, são também examinados muitos materiais semicondutores inorgânicos para alargar a janela de absorção ótica dos fotodetectores. Os nanomateriais inorgânicos incluem NPs,[56, 58] nanofios (NWs),[18, 28, 66-68] nanotubos,[69, 70] nanomateriais 2D[56, 71-74] nos quais os fenómenos à escala nanométrica, como os efeitos plasmónicos e o confinamento quântico[75-77] desempenham um papel crucial. Os nanomateriais beneficiam grandemente do efeito do tamanho quântico, em que o intervalo de banda e as propriedades optoelectrónicas dos materiais dependem grandemente do tamanho. O processo de solução também permite a impressão a jato de tinta destas tintas inorgânicas NP na camada fotoactiva do fotodetector. Por exemplo, Börberlet *al.*[4] fabricaram um fotodetector altamente sensível através da impressão a jato de tinta de NPs/CB de HgTe em eléctrodos interdigitados de Ti/Au, tendo atingido a detectividade específica máxima de $3,2 \times 10^{10}$ cm Hz$^{1/2}$ /W sob 1 nW de iluminação a 1,4 μm. Um dispositivo de seis camadas apresentou uma sensibilidade de 65 mA/W a 10 V. Além disso, o comportamento de fotorresposta dos fotodetectores de NPs de HgTe pode ser bem ajustado tirando partido do efeito quântico dependente do tamanho. Ao alterar o tamanho das NPs, o espetro de resposta pode ser bem modulado, permitindo a extensão da resposta espetral até 3 μm. Foram impressas várias camadas de NPs para otimizar a espessura da película de modo a absorver luz suficiente (Figura 15). As NPs inorgânicas, como as NPs de CdSe, também podem ser impressas a jato de tinta em substratos flexíveis com uma impressora a jato de tinta de escritório.[78]

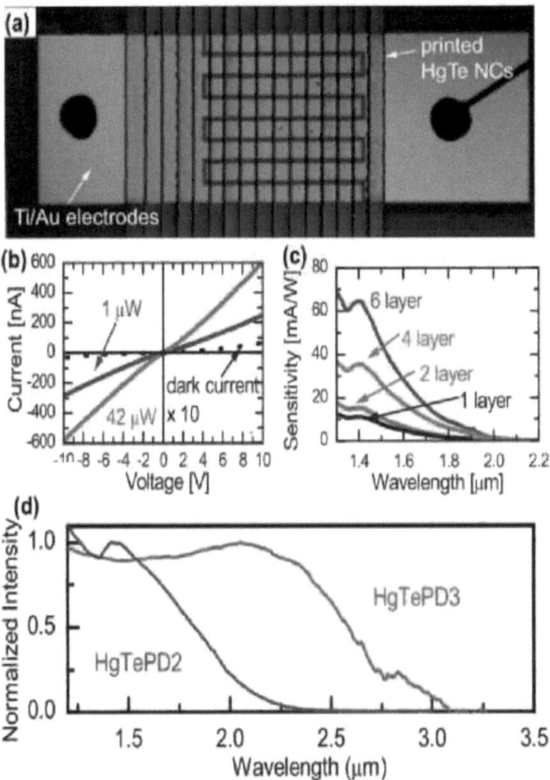

Figura 15. a) Imagem ótica dos eléctrodos interdigitados sobrepostos por uma matriz

de tiras de NP impressas. b) *Curvas I-V* de um fotodetector com 6 camadas impressas no escuro e sob iluminação com 1 µW e 42 µW. c) Espectros de sensibilidade de dispositivos com 1, 2, 4 e 6 camadas impressas, tensão de polarização de 10 V. d) Gráficos dos espectros de fotocorrente normalizados de outras duas amostras de NP de HgTe com maior tamanho de NP (HgTePD2: 4 nm, HgTePD3: 6 nm). Reproduzido com permissão da ref. 4, Copyright 2007, John Wiley and Sons.

Devido às suas excelentes propriedades electrónicas e ópticas, o grafeno tem sido amplamente investigado como contacto elétrico e camada fotoactiva; além disso, a processabilidade do óxido de grafeno (GO) em solução permite o fabrico de fotodetectores à base de grafeno através da tecnologia de impressão a jato de tinta. Manga *et al.* formularam uma tinta de solução iónica misturando di-hidróxido de titânio(IV) bis(lactato de amónio) (TBA) e nanofolhas de GO, e imprimiram a tinta em eléctrodos coplanares à base de grafeno, produzindo um fotodetector totalmente impresso por jato de tinta.[79] Esta tinta necessita de uma viscosidade adequada para permitir a impressão por jato de tinta, melhorando a solubilidade do GO em soluções à base de etanol e a rápida hidrólise do titanato por soluções aquosas. Finalmente, os dispositivos foram reduzidos em vapor de hidrazina durante a noite e depois aquecidos no vácuo para obter eléctrodos de GO reduzido (rGO) e películas híbridas TiO_2-G. O dispositivo final produz um EQE de pico de 85% e uma detectividade específica de $2,33 \times 10^{12}$ cm Hz$^{1/2}$ W^{-1} a cerca de 325 nm. A resposta espetral do detetor foi até ao comprimento de onda de 750 nm, mas a detectividade diminuiu rapidamente para $9,4\times10^{11}$ cm Hz$^{1/2}$ W^{-1} na gama do espetro visível (figura 16).

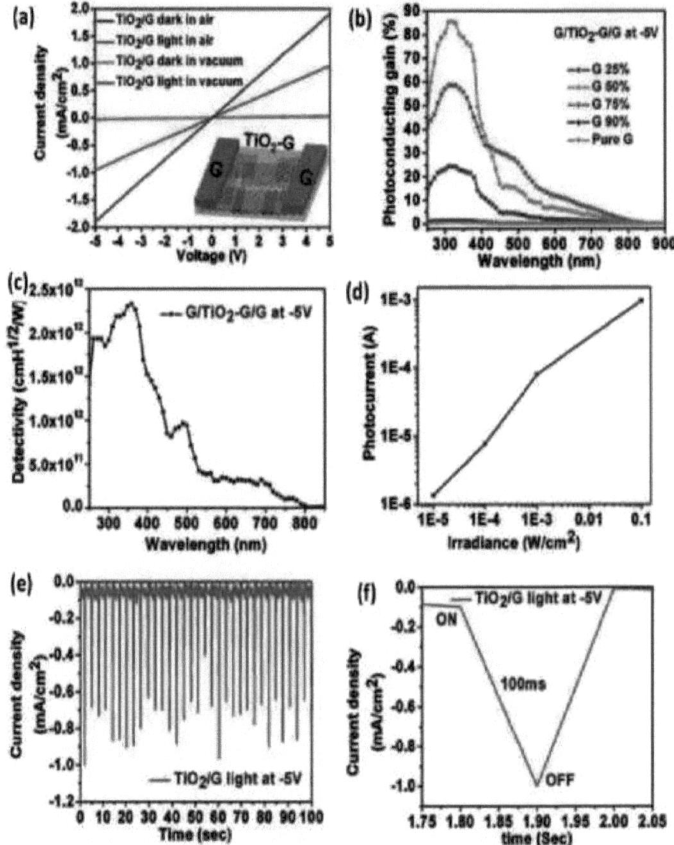

Figura 16: Um fotodetector de dois terminais produzido por impressão a jato de tinta com películas de grafeno como eléctrodos e películas finas híbridas de TiO2-grafeno como canais. a) Características *I-V* de um fotodetector medido no escuro e sob iluminação de luz branca. Figura: diagrama esquemático do fotodetector de grafeno e TiO2 impresso por jato de tinta. b) Ganho fotocondutor para concentrações variáveis de grafeno no compósito em condições ambientais. c) Detectividade vs. comprimento de onda, com uma tensão de polarização de - 5 V. d) Fotocorrente sob diferentes níveis de iluminação de luz. e) Tempo de resposta da fotocorrente de um fotodetector sob iluminação de luz branca de 100 mW/cm^2 . f) Gráfico mostrando o tempo de subida e descida de 100 ms.Reproduzido com permissão da ref. [79], Copyright 2010,John Wiley and Sons.

Para além do GO dissolúvel, foram também impressos outros materiais à base de carbono para funcionarem como eléctrodos em fotodetectores totalmente impressos por jato de tinta com camadas activas inorgânicas. Um exemplo é demonstrado por Finn *et al.*[80] que imprimiram por jato de tinta um fotocondutor plano com uma tinta composta por nanofolhas de MoS2 exfoliadas em líquido como camada fotoactiva e grafeno exfoliado em líquido como eléctrodos interdigitais. O processo de fabrico pode ser efectuado a uma temperatura mais baixa (inferior a $70°$ C) num substrato flexível comercial, e a corrente do fotodetector impresso aumenta por um fator de 10 quando exposto a uma iluminação de 640 mW/cm^2 com um comprimento de onda de 532 nm. Uma mistura de nanotubos de carbono (CNT) e NPs semicondutoras foi impressa por jato de tinta como camada fotoactiva híbrida de um fotodetector híbrido.[81] Os CNT foram depositados *através de* impressão por jato de tinta, enquanto os NPs foram revestidos por dispersão de dispersão de NPs de CdTe nos substratos impressos. Quando a luz é ligada, foi examinada a alteração da tensão dreno-fonte, mantendo a corrente dreno-fonte num valor constante de 1 mA. O rácio entre a alteração da tensão e a potência incidente foi de cerca de 20 mV/W e 15 mV/W para o fototransistor com e sem NPs de CdTe, respetivamente. Gohieret *al.*[82] demonstraram o fabrico de um fotodetector de infravermelhos através da impressão por jato de tinta de uma película de CNT sobre eléctrodos flexíveis de Ag pré-padronizados (depositados por impressão por jato de tinta de NPs de Ag em substrato de poliimida (PI)). O fotossensor apresentou uma queda significativa da resistência de 0,35% em 10 s sob iluminação do feixe laser de 850 nm com uma densidade de potência de 0,5 mW/mm^2 a 0,2 V de polarização. A resistência inicial pode então ser totalmente recuperada quando o laser foi desligado após o mesmo período de tempo. A resposta do fotossensor infravermelho à base de CNT foi atribuída a um efeito bolométrico. Posteriormente, Li *et al*[83] também demonstraram o fotodetector MoS2 através da impressão por jato de tinta da dispersão de nanofolhas MoS2 esfoliadas em líquido em terpineol como camada fotoactiva, enquanto a impressão por jato de tinta da dispersão de NPs Ag como eléctrodos. Após a iluminação incidente, a corrente aumenta rapidamente, seguida de um decréscimo lento, formando os picos ascendentes. Uma vez desligada a luz incidente, a taxa de geração de portadores diminui rapidamente e, assim, a recombinação de portadores domina, resultando num rápido decaimento da corrente. Gradualmente, a libertação térmica dos portadores aprisionados contribui para um aumento lento da corrente até ao nível original da corrente escura. Isto forma os vales descendentes.

Para além dos NC inorgânicos e dos nanomateriais 2D processáveis em solução acima mencionados, vários óxidos metálicos sensíveis à luz têm também uma forte competitividade em fotodetectores imprimíveis por jato de tinta, especialmente para a deteção de luz UV. A película de óxido de zinco dopado com índio (IZO) e as NW de TiO2, ambas com uma fotorresposta na região UV, demonstraram essa possibilidade. O fototransistor à base de IZO fabricado por impressão a jato de tinta apresentou uma relação corrente ligada/desligada de quatro ordens de grandeza e tempos de subida e descida de 5 ms e 10 ms, respetivamente.[84] Enquanto Chen *et al.*[85] demonstraram a impressão por jato de tinta de fotodetectores UV baseados em TiO2 NWs de elevado desempenho. Primeiro, imprimiram uma suspensão comercial de Ag NWs em isopropanol (IPA) em substratos flexíveis e transparentes de tereftalato de polietileno (PET) para formar os padrões dos eléctrodos e, em seguida, imprimiram outra camada de TiO2 NWs nos padrões dos eléctrodos para fabricar um fotodetector de UV com uma transmitância visível >80%. Os fotodetectores UV impressos apresentaram uma elevada relação on/off de 2000 e também uma corrente escura bastante baixa de 10 -10$^{-12\text{-}14}$ A. Sob uma tensão de polarização de 2 V, os detectores responderam à iluminação UV com tempos de subida e descida de 0,4 s e 0,1 s, respetivamente. O quadro 3 apresenta um resumo do desempenho dos fotodetectores impressos a jato de tinta.

Tinta impressa	Estrutura do dispositivo	Desempenho
P3HT:PCBM e PEDOT:PSS[61]	ITO/PEDOT:PSS/ P3HT:PCBM/Ca/Ag	Dispositivo de PEDOT:PSS impresso por jato de tinta: a responsividade e o EQE são de 0,27 A/W e 62% a -5V, que são comparáveis aos do dispositivo com PEDOT:PSS revestido por spin.
P3HT:PCBM e PEDOT:PSS[62]	ITO/PEDOT:PSS/ P3HT:PCBM/Al	A capacidade de resposta e o EQE são de 0,25 A/W e 50%-60% a 532 nm.
PFB: F8BT e PEDOT:PSS	PEDOT:PSS/PFB: F8BT/Ag	O EQE é de 5,9% a 400 nm com uma densidade de corrente escura de 1 nA/cm^2 a 1 V de polarização inversa.
P3HT:PCBM e PEDOT:PSS[55]	PEN/Ag/P3HT:PCBM/PEDOT:PSS/Ag	A reatividade é de 0,39 A/W a 525 nm com uma polarização inversa de 0,9 V e a EQE situa-se entre 60% e 83%.
T1:P3HT:PC70BM[64]	PEN/PEDOT:PSS/PFN/T1:P3HT:PC70BM/PEDOT:PSS	O EQE foi medido em 30%.
TIPS pentaceno[65]	Fototransistor Au/TIPS pentaceno/Au com ITO/PVP como porta traseira	O rácio fotocorrente/corrente escura é superior a 10^6 e a capacidade de resposta é de 0,11 A/W a -10 V de tensão de porta e 1 V de tensão de polarização.
PDPPTzBT[60]	Fototransistor de canal curto Au/PDPPTzBT/Au com SiO_2/Si como backgate	A capacidade de resposta é de até 10^6 A/W.

Mistura de acetato de zinco desidratado, acetato de índio e 2-etanolamina em isopropanol[84]	Fototransistor baseado em Au/IZO/Au IZO com SiO2/Si como porta traseira	O dispositivo é efetivamente ligado em cerca de 5 ms e desligado em 10 ms. A fotossensibilidade é de cerca de quatro ordens de grandeza na região de depleção, 10 vezes superior à da região de acumulação.
NPs de HgTe[4]	Au/HgTeNps/Au	A detectividade específica máxima de $3,2\times10^{10}$ cm $Hz^{1/2}$ /W sob 1 nW de iluminação a 1,4 µm, a capacidade de resposta é de até 65 mA/W a 10 V.
TBA:GO[79]	Grafeno/TBA:GO/Grafeno coplanar Fotodetectores híbridos TiO2:GO	O pico de EQE foi de 85% e a detectividade específica foi de $2,33 \times 10^{12}$ cm $Hz^{1/2}$ /W a cerca de 325 nm.
Esfoliado líquido MoS2 e [80] grafeno	Fotodetector coplanar de grafeno/TBA:GO/Grafeno	A corrente aumentou por um fator de 10 quando exposta à iluminação de um laser de 532 nm com uma intensidade de 640 mW/cm^2 .
Filmes de CNT[82]	Fotodetector Ag/CNT/Ag	A resistência diminuiu 0,35% em 10 s sob iluminação do feixe laser de 850 nm com uma densidade de potência de 0,5 mW/mm^2 a uma polarização de 0,2 V.
NWs de TiO2 e NWs de Ag[85]	Fotodetector Ag/TiO2 NWs/Ag	O rácio de ligar/desligar é de até 2000 e a corrente escura baixa é de cerca de 10 -10^{-12-14} A. Com uma polarização de 2 V, os detectores responderam à luz UV com tempos de subida e descida de 0,4 s e 0,1 s, respetivamente.

Os exemplos acima referidos confirmam o grande potencial da aplicação da técnica de impressão a jato de tinta no processo de fabrico de fotodetectores, que permite a produção de um desempenho comparável ao dos dispositivos fabricados por técnicas convencionais, incluindo a deposição em vácuo e o spin-coating. A versatilidade desta técnica foi claramente demonstrada pelos estudos relatados, nos quais foram utilizados materiais, estruturas e padrões variados após uma otimização sistemática da tinta.[59] A melhoria do rendimento do fabrico, da resolução e do desempenho dos dispositivos constitui um esforço adicional para a aplicação desta técnica em grande escala.

3.4 Eléctrodos transparentes

Da secção 3.1 à secção 3.3, discutimos os recentes progressos na impressão a jato de tinta de células solares, LEDs e também fotodetectores. No entanto, para além da camada fotoactiva, os eléctrodos transparentes (TEs) são também elementos essenciais em vários dispositivos optoelectrónicos. Ao longo da última década, a procura de eléctrodos condutores transparentes tem vindo a aumentar de forma persistente devido à crescente expansão do mercado de vários produtos electrónicos diários, desde ecrãs tácteis, ecrãs a células solares, e não há dúvida de que o mercado continuará a crescer num futuro previsível.[2] Um requisito geral na resistência da folha de TEs está na faixa de $10\text{-}10^3$ Ω/sq a uma transparência de $\geq 90\%$, que também é específica da aplicação. Uma resistência de folha de 4001000 Ω/sq é adequada para muitas aplicações em ecrãs tácteis, e 10-50 Ω/sq já é adequada para aplicações em OLEDs e células solares.[86, 87] Atualmente, os TEs utilizados comercialmente na maioria dos dispositivos optoelectrónicos são feitos de ITO, que é normalmente preparado por deposição em vácuo. No entanto, há sérias questões relacionadas com a utilização desses TEs à base de ITO em termos de desenvolvimento sustentável devido a restrições técnicas e económicas. Em primeiro lugar, o preço do elemento In está a tornar-se cada vez mais caro devido ao seu consumo e escassez crescentes. Em segundo lugar, o processo de deposição de ITO tem de ser realizado em alto vácuo e a alta temperatura, desperdiçando normalmente uma grande parte da fonte de ITO. Além disso, a fragilidade e o processo a alta temperatura não podem ser compatíveis com os requisitos de flexibilidade e elasticidade dos actuais dispositivos optoelectrónicos.[88] A impressão a jato de tinta possibilitada pelo processo de solução proporcionará uma alternativa eficaz à tecnologia ITO tradicional. A classe de tintas em expansão para a impressão de TEs inclui polímeros orgânicos condutores, óxidos condutores transparentes (TCOs), redes metálicas NW, grafeno e CNTs. Na próxima secção, apresentaremos brevemente os TEs fabricados através da impressão a jato de tinta destes nanomateriais e dos seus híbridos.

3.4.1 Tintas de polímeros orgânicos condutores Os polímeros orgânicos condutores são um dos componentes indispensáveis na optoelectrónica orgânica atual. A processabilidade da solução permite-nos construir optoelectrónica flexível em grande escala e de forma rentável. Vários polímeros condutores, como o polipirrol, a polianilina e o PEDOT, têm sido bem estudados e amplamente utilizados na optoelectrónica. Tomando o PEDOT como exemplo, o seu potencial de aplicação reside nas suas importantes propriedades, como a excelente condutividade eléctrica, a propriedade optoelectrónica e a estabilidade térmica (até 230°C). No entanto, o seu problema de solubilidade tem dificultado o fabrico através da impressão a jato de tinta. Este problema pode ser ultrapassado misturando-o com um poliestirenossulfonato (PSS) dispersível em água, como polímero dopante de contra-íons equilibradores de carga, o que produz PEDOT:PSS dispersável em água.[89] Através de uma modificação adequada, as películas de PEDOT:PSS podem ter uma condutividade muito boa, comparável à da película de ITO mais utilizada, ao mesmo tempo que têm uma transparência ótica suficiente, pelo que é um candidato competitivo para substituir o ITO na optoelectrónica.[90-92] A dispersão aquosa de PEDOT:PSS formulada é muito estável em água e tem uma excelente versatilidade para ser depositada em películas por vários tipos de processos,[93] incluindo spin-coating,[94, 95] spray coating,[92] e impressão a jato de tinta.[25, 26]

De facto, Ballarinet al.[96] verificaram que não havia distinção óbvia na morfologia da superfície e nas características electroquímicas entre as películas contínuas de PEDOT:PSS fabricadas por impressão a jato de tinta e por revestimento por centrifugação, o que indica que as películas de PEDOT:PSS impressas a jato de tinta podem ser uma alternativa eficiente e limpa. A espessura das películas de PEDOT:PSS aumentou linearmente com o aumento das camadas de revestimento. Kwon et al.[97] propuseram que a resistência das películas impressas de PEDOT:PSS diminuísse com películas mais espessas, o que poderia ser atribuído ao aumento das trajectórias de salto para o transporte de portadores de carga quando a espessura da película aumenta. No entanto, existe sempre um compromisso entre a elevada condutividade e a baixa absorção ótica da película.

As propriedades do solvente são um dos factores mais essenciais que determinam as propriedades finais da película. A inclusão de um solvente de elevado P.B. para controlar o comportamento de molhagem, a tensão superficial, a evaporação e a secagem das gotículas no substrato é uma estratégia amplamente adoptada para conceber as características dos padrões impressos. Ummartyotinet al.[98] demonstraram que a película de PEDOT:PSS é depositada através da impressão a jato de tinta de uma dispersão aquosa de NPs de PEDOT:PSS. Optimizando o tamanho das partículas, a tensão superficial e a viscosidade da tinta, as películas de PEDOT:PSS foram impressas com êxito por jato de tinta em substratos celulares flexíveis, mantendo a sua transparência e aumentando a condutividade eléctrica. Eomet al.[25, 28] também investigaram sistematicamente a impressão a jato de tinta da camada de PEDOT:PSS e verificaram que a morfologia e a condutividade das películas de PEDOT:PSS impressas a jato de tinta podiam ser melhoradas através da adição de solventes com elevado teor de PB, como o glicerol e o etilenoglicol butil éter tensioativo. Natoriet al.[99] verificaram que a condutividade das películas impressas também dependia dos substratos, por exemplo, a condutividade das camadas de PEDOT:PSS impressas em PET é diferente da da película em poliéster. A melhoria mais significativa na resistência da folha foi conseguida através da impressão de PEDOT:PSS em poliéster com uma pequena adição de glicerol na tinta. A diminuição da resistência da folha foi atribuída à diminuição da rugosidade do substrato e ao surfactante glicerol adicionado, que reduz a tensão superficial da solução e conduz a películas mais suaves.

As películas de PEDOT:PSS impressas por jato de tinta foram também exploradas como TEs para vários tipos de optoelectrónica. A dopagem química do PEDOT:PSS provou ser um método eficaz para a impressão a jato de tinta de películas de PEDOT:PSS com elevada transparência e condutividade em simultâneo, para o fabrico de dispositivos optoelectrónicos sem ITO.[100-103] Ma et al.[103] fabricaram sensores tácteis transparentes e flexíveis com base em películas de PEDOT:PSS impressas por jato de tinta como TEs e poli(metilsiloxano) impresso por jato de tinta como camada dieléctrica. Yoshioka et al.[39] demonstraram a preparação de películas de PEDOT:PSS com condutividade específica por área através da impressão selectiva a jato de tinta de peróxido de hidrogénio e da variação do estado de oxidação do PEDOT:PSS. Jung et al.[26] demonstraram que as películas de PEDOT:PSS impressas por jato de tinta podem ser diretamente utilizadas como camada condutora de orifícios e ânodo para células solares fotovoltaicas orgânicas. Depositaram as películas de PEDOT:PSS diretamente no vidro através da impressão a jato de tinta de uma suspensão aquosa de PEDOT:PSS de alta condutividade como ânodo. A inclusão de 5 wt% de dimetilsulfóxido (DMSO) e 0,1% de fluorosurfactante na tinta beneficia a alta condutividade e a morfologia uniforme. Ao imprimir camadas de PEDOT:PSS/PCDTBT:PC70BM/ZnO/Ag em sequência, a célula solar orgânica deu um PCE de 2%; ao substituir o cátodo de Ag impresso a jato de tinta por Ag evaporado, o PCE foi drasticamente melhorado para 5%. A observação interessante é que as células solares com ânodo de PEDOT:PSS impresso por jato de tinta apresentaram um desempenho comparável ao das células baseadas em TEs de ITO. Chou *et al.*[104] relataram a impressão a jato de tinta de TEs de PEDOT:PSS para OLED com elevado desempenho. Verificaram que a adição de solvente IPA à tinta aquosa podia ajustar eficazmente a viscosidade e a tensão superficial da tinta. Verificaram também que o desempenho dos OLEDs de impressão a jato de tinta podia ser comparável ao dos dispositivos fabricados por revestimento por rotação, e que a resistência da folha das películas impressas a jato de tinta diminuía 10 vezes em magnitude, em comparação com a preparada pela técnica de revestimento por rotação. A caraterização espectroscópica Micro-Raman sugeriu que a melhoria das propriedades eléctricas se deveu ao maior comprimento de conjugação efetivo das cadeias de PEDOT nas películas de PEDOT:PSS impressas por jato de tinta.

3.4.2 Tintas de **óxidos metálicos** Os TCOs são uma família de materiais de óxidos metálicos com transparência ótica e condutividade eléctrica, e têm sido amplamente utilizados como TEs em vários produtos electrónicos do dia a dia. O grupo típico dos TCO inclui o ITO, o FTO e também o óxido de zinco dopado com alumínio (AZO). A maior parte dos estudos científicos e das aplicações industriais actuais envolvem principalmente os processos de deposição em vácuo, que causam muitos problemas técnicos práticos nas aplicações e também preocupações com os custos e o ambiente. A impressão a jato de tinta de óxido metálico proporcionará uma alternativa mais ecológica, mais eficiente e mais rentável à atual tecnologia de vácuo.

A tinta utilizada para a impressão a jato de tinta de TCO TEs pode ser constituída por precursores de TCO ou por TCO NCs sintetizados. A síntese de TCO NCs através de processos de fase de solução é uma estratégia prometedora para a deposição de películas de TCO. Um exemplo típico de tinta de óxido metálico que se pode encontrar facilmente é a tinta ITO, porque tem sido amplamente utilizada nos actuais dispositivos optoelectrónicos. A implementação da impressão a jato de tinta permite-nos controlar com precisão a posição e a quantidade de gotas de tinta ITO, o que reduziria consideravelmente o consumo de material. Kim *et al.*[105-107] demonstraram o fabrico de TEs de ITO para células solares orgânicas rentáveis através da impressão a jato de tinta de NPs de ITO. Após um recozimento térmico rápido a 450 °C, obtiveram diretamente eléctrodos de ITO modelados com uma transmitância média superior a 80% e uma resistência de folha de cerca de 200 Ω/sq sem utilizar um processo de fotolitografia tradicional. Outra estratégia implementada para reduzir o consumo do escasso elemento In foi a dopagem do In2O3 com outros elementos.[88, 108] O elétrodo transparente de óxido de índio codopado com zinco e estanho (IZTO), com uma resistência de folha tão baixa como 20,6 Ω/sq e uma transmitância ótica de até 81,29%, foi obtido através da aplicação de um recozimento térmico rápido nos TEs IZTO impressos a jato de tinta numa atmosfera de mistura N2/O2.[108] Após um processo optimizado de recozimento térmico rápido, a película de In2O3 dopada com Ti (ITiO) impressa por jato de tinta apresentou uma resistência de folha de 37,41 Ω/sq e uma transmitância ótica de 85,40%.[109] Estes resultados sugerem que o grau de interconexão das

NPs de ITiO afecta de forma crítica a resistência da folha, a transparência ótica e a morfologia da superfície do elétrodo final de ITiO.

A síntese da solução permite controlar simultaneamente o tamanho, a morfologia e a composição dos TCO NCs. Outras vantagens relacionadas com a utilização de tintas TCO NC na técnica de impressão a jato de tinta incluem a compatibilidade com substratos flexíveis e extensíveis e a forma simples e direta de deposição. Nos últimos anos, foram feitos muitos esforços para sintetizar tintas TCO NC em solução.[88] Entre todos os processos de síntese em solução, a injeção a quente tem sido intensamente estudada para a síntese de NCs coloidais nos últimos anos. Num processo típico de síntese por injeção a quente, ocorrerá uma reação química entre a fonte injetada e a solução-mãe, e formar-se-ão NCs num ambiente localizado. Este método tem sido utilizado com sucesso para sintetizar AZO[110] e ITO[111] NCs com controlo simultâneo do seu tamanho e nível de dopagem. Filmes uniformes de NCs com escala de até centímetros foram montados a partir desses NCs e apresentaram impressionante condutividade elétrica (356 Ω/sq) e transparência ótica (93% na faixa do espetro visível) após tratamento térmico adequado. Ito et al.[112] propuseram um processo sintético de injeção a quente de elevado rendimento, capaz de produzir NCs de TCO cristalinos e monodispersos a uma temperatura inferior à temperatura de decomposição da fonte. Foi iniciada uma reação de esterificação rápida injetando lentamente o complexo de oleato metálico em álcool oleílico a 230 °C. O protocolo pode ser usado para sintetizar diferentes tipos de NCs, incluindo ITO, Fe_2O_3, ZnO e assim por diante. O processo de síntese por injeção a quente tem duas desvantagens. Em primeiro lugar, a capacidade de aumentar a escala do processo é limitada pela pequena dose adoptada para promover uma dopagem de alta qualidade. Em segundo lugar, a qualidade da dopagem depende fortemente dos parâmetros de injeção e do dopante. A otimização destes parâmetros para a preparação de outros NCs consome muito tempo, o que dificulta grandemente o aumento da produção de várias tintas NC para aplicações industriais.

Para ultrapassar a limitação do método de injeção a quente, Song et al.[113] desenvolveram um processo geral de um pote para a preparação de vários tipos de TCO NCs, que pode ser facilmente aumentado para uma produção de 10 g por pote. Os NCs de TCO sintetizados (Figura 17) têm boa cristalinidade, morfologia uniforme, distribuição de tamanho estreita e nível de dopagem bem controlado. Os colóides finais podem manter uma boa capacidade de dispersão durante um ano e, por conseguinte, podem ser utilizados como tintas para imprimir películas de TE de elevado desempenho. Os TEs baseados em TCO NCs resultantes apresentaram um elevado desempenho em dispositivos baseados em soluções. Gasperaet al.[114] relataram um processo sintético sem injeção para a produção de NCs monodispersos à base de ZnO com dopantes de Al, Ga ou In. O método sintético é altamente reprodutível e permite rácios atómicos de dopante/Zn superiores a 15%. Outra vantagem deste método é que a síntese pode ser realizada mesmo a uma concentração de precursor superior a 0,2 M com rendimentos de reação elevados superiores a 90%. As dispersões coloidais resultantes apresentam boa condutividade eléctrica depois de montadas em filmes e excelente transparência na gama do espetro visível. Luoet al.[115] também apresentaram o fabrico de OLEDs de alta qualidade através da deposição química húmida de nanocamadas de óxido de estanho dopado com antimónio (ATO). Verificaram também que os OLED fabricados com TEs baseados em ATO NCs apresentavam um desempenho comparável ao dos dispositivos comerciais baseados em ITO. Estes avanços acima mencionados indicam o potencial dos processos de solução para a produção de tintas coloidais de óxido metálico NCs de alta qualidade para a impressão a jato de tinta de TEs da próxima geração. Contudo, os TEs impressos não são adequados para vários dispositivos optoelectrónicos. O tratamento UV pode efetivamente remover os compostos orgânicos nas películas de TCO NC e encurtar o espaçamento entre TCO NCs, melhorando a condutividade dos TCO TEs impressos.[116] A troca de ligandos curtos também demonstrou ser um método versátil para aumentar a condutividade das películas NC.[117] As películas impressas têm um vasto espetro de aplicações, tais como TEs em LEDs e células solares orgânicas, sem a utilização de quaisquer processos litográficos convencionais, indicando assim que a impressão a jato de tinta de TEs é uma alternativa viável à pulverização catódica a vácuo de TEs de ITO para várias aplicações optoelectrónicas processáveis em solução.

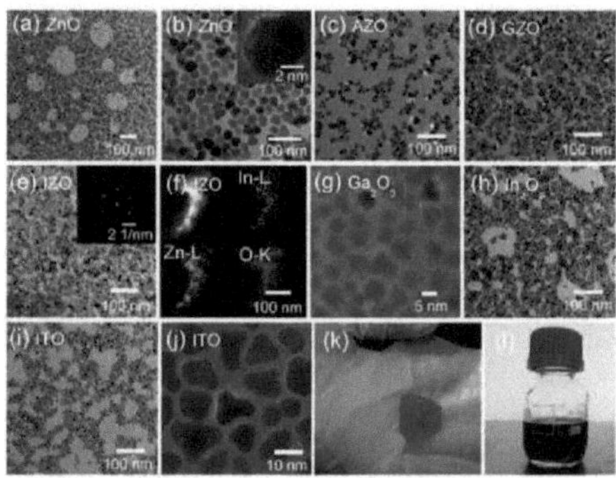

Figura 17. Aplicação do método one-spot para a síntese de diferentes tipos de tintas TCO NC. a, b) Imagens TEM de ZnO NCs. A inserção em (b) é uma imagem HRTEM de um NC de ZnO individual; c) Imagem TEM de GZO; d) Imagem TEM de GZO; e) Imagem TEM de IZO. O inset é o padrão SAED de IZO NCs. f) Imagem STEM e mapeamentos elementares de IZO NCs. g) Imagem TEM de Ga2O3 NCs; h) Imagem TEM de In2O3 NCs; I ,j) Imagens TEM de ITO NCs; k) Imagem ótica de pós de ITO NC sintetizados em maior escala. l) Fotografia de 30 ml de tinta ITO NC re-dispersa em tolueno.Reproduzido com permissão da ref. [113], Copyright 2015,John Wiley and Sons.

3.4.3 Tintas à base de metaisRecentemente, têm sido envidados esforços consideráveis para explorar as aplicações das tintas NC à base de metais em vários domínios, como a eletrónica flexível e extensível, os dispositivos médicos implantáveis, os ecrãs flexíveis e extensíveis, os OLED e as células solares orgânicas. Várias tintas à base de metal, incluindo Au NPs/NWs, Ag NPs/NWs[118, 119] e Cu NPs/NWs[120, 121], foram demonstradas como tintas condutoras. Foram feitos avanços impressionantes com os eléctrodos flexíveis e extensíveis correspondentes.

A dispersão de AgNWs é possivelmente a tinta condutora à base de metal mais utilizada para a preparação de TEs.[122] Um método sintético típico para as AgNW é a redução do Agnitrato na presença de poli(vinilpirrolidona)(PVP) em etilenoglicol como meio de reação e redutor.[123, 124] As AgNWs preparadas podem ser bem dispersas em diversos solventes, incluindo água, etanol e IPA, para preparar uma suspensão de tintas para impressão a jato de tinta de TEs. A resistência da folha e a transparência ótica das películas resultantes dependem criticamente da espessura e também do tratamento pós-deposição. Para os TEs à base de AgNWs, a resistência da folha e a transparência ótica situam-se geralmente na gama de 1-100 Ω/sq e 80-90%,[87, 119,125-127] respetivamente, sendo comparáveis às das películas de ITO. Devido à sua elevada condutividade eléctrica e transparência ótica, os TEs baseados em AgNWs são bons candidatos para a integração de dispositivos em aplicações existentes. Os TEs à base de AgNWs foram preparados por gotejamento de tinta AgNWs num substrato de vidro, seguido de recozimento pós-deposição a 200 °C durante 20 min. Os TEs resultantes apresentaram resistência de folha na faixa de 1-100 Ω/sq, que depende da densidade do revestimento.[118] Devido ao processo de solução e ao alto desempenho como TEs, as redes AgNW provaram ser uma alternativa promissora aos actuais TEs baseados em ITO para células solares orgânicas.[128, 129]

Em comparação com as AgNW, as NW de cobre (Cu) são menos dispendiosas, porque o preço do Cu é 100 vezes inferior e a abundância de Cu é 1000 vezes superior, enquanto a condutividade eléctrica das NW de Cu é quase a mesma que a das AgNW, o que pode ser suficientemente bom para a maioria dos dispositivos optoelectrónicos. Neste sentido, a utilização de tinta de NWs de Cu para a preparação de filmes condutores tornou-se popular nos últimos anos.[130-132] Foram desenvolvidas duas abordagens gerais para a síntese de NWs de Cu: síntese mediada por etilenodiamina (EDA) e síntese mediada por alquilamina. Os TE fabricados com tintas de NW de Cu apresentaram uma resistência de folha tão baixa como 51 Ω/sq a 93% de transmitância ótica. No entanto, as películas condutoras à base de NWs de Cu têm o grave inconveniente de o Cu ser menos estável em ambiente de o2 e humidade do que outros metais nobres. Foram propostas várias estratégias para melhorar a estabilidade das películas de NW de Cu. Wiley *et al.*[133] propuseram que o crescimento de um revestimento de níquel sobre NWs de Cu poderia efetivamente melhorar a resistência à oxidação das NWs de Cu. Won *et al.*[134] relataram eléctrodos compósitos baseados em NWs de Cu resistentes à oxidação com elevada transparência e condutividade. A estratégia envolveu, em primeiro lugar, o tratamento das NW de Cu com ácido lático para remover a camada orgânica de cobertura e os óxidos ou hidróxidos na superfície das NW de Cu, criando uma via direta de transporte de corrente eléctrica na rede de NW de Cu; subsequentemente, a incorporação das NW de Cu na película de AZO para aumentar drasticamente a sua estabilidade e resistência ao o2 e à humidade. Os TEs compostos Cu NW@AZO resultantes exibiram uma resistência de folha impressionantemente baixa (35,9 Ω/sq) com uma transmitância ótica de 83,9% a 550 nm. Song *et al.*[135] desenvolveram um método sintético para preparar um novo compósito de elastómero condutor Cu@Cu4Ni NW com estabilidade ultra elevada. Sintetizaram NWs de Cu com um invólucro protetor de liga de Cu4Ni, cultivado in-situ na superfície das NWs de Cu através de um método one-pot. As NWs de Cu finais têm conchas de liga altamente cristalinas, interfaces claras e abruptas, comprimentos superiores a 50 µm e superfícies lisas. Foram formados novos elastómeros através do revestimento da rede de NWs Cu@Cu4Ni com Polidimetilsiloxano (PDMS). Os TEs compósitos flexíveis finais apresentaram uma resistência de folha de 62,4 Ω/sq com uma transparência ótica de 80%, superior à dos eléctrodos ITO/PET típicos.

Apesar do potencial de aplicação promissor das NW metálicas de Ag e Cu, raramente foram demonstradas as TEs possibilitadas pela impressão a jato de tinta de NW metálicas de Ag ou Cu. Muito recentemente, Finn *et al.*[127] comunicaram que a rede de AgNWs foi preparada por impressão direta a jato de tinta de AgNWs num substrato de polímero. Verificaram que a diluição da suspensão da tinta e a adição de dietilenoglicol (DEG) podiam melhorar a capacidade de impressão da tinta AgNWs. A concentração optimizada de NWs foi de 0,85 mg/ml e o rácio volumétrico IPA:DEG foi de 0,85:0,15, para o melhor desempenho de impressão com geração e movimento de gotículas estáveis. A evaporação do solvente durante e após a deposição também é fundamental para formar uma película TE de elevado desempenho. A etapa de secagem intermédia durante uma sessão de impressão em vácuo a uma pressão de 0,1 mPa e a uma temperatura de 110 °C durante 30 minutos para evaporar lentamente o solvente é fundamental para obter uma rede condutora de AgNWs. Lu et al.[136] demonstraram uma película de AgNWs impressa por jato de tinta como elétrodo de topo para células solares orgânicas semitransparentes. Verificaram que a adição de etilenoglicol à dispersão de etanol das AgNWs era muito importante para evitar o entupimento do bocal. Os resultados das medições ópticas e eléctricas mostraram que a resistência da folha do AgNW impresso diminuiu drasticamente de 2190 Ω/sq para 26,4 Ω/sq com o aumento dos tempos de impressão de 3 para 9, enquanto que a transparência média das películas AgNW impressas sobre o comprimento de onda de 400-800 nm apenas diminui ligeiramente de 95% para 83%. Note-se que a camada AgNW impressa 7 vezes tem uma resistência média da folha de 44,9 Ω/sq e uma transparência média de 86,4%, que são próximas das do elétrodo ITO amplamente utilizado.

As dispersões de NPs metálicas são tintas ideais para a impressão a jato de tinta de traços condutores. As NPs de Ag foram normalmente utilizadas para a impressão de eléctrodos numa vasta gama de dispositivos electrónicos.[59, 87, 137-139] Layaniet al.[140] também demonstraram a impressão a jato de tinta de TEs de grelha de Ag a partir de tinta de NPs de Ag em substratos de plástico transparente. Os TEs impressos por jato de tinta apresentaram uma baixa resistência de folha (1-5 Ω/sq) com uma elevada transparência de 83% na gama de 400-800 nm, que pode ser superior à de muitos TEs utilizados em optoelectrónica. A reflexão da luz na grelha metálica larga é a principal causa da redução da transparência dos TEs da grelha metálica. A redução da largura da linha da grelha metálica foi considerada um método eficaz para reduzir a reflexão da luz na grelha metálica. Jang et al.[141] fabricaram uma grelha de Ag invisível (menos de 10 μm) através da impressão a jato de tinta EHD de tintas Ag NP. Como era de esperar, a melhoria da condutividade eléctrica dos TEs foi feita à custa da transparência ótica à medida que o passo da rede Ag diminuía. Após recozimento a 200 °C sob infravermelhos próximos, os TEs impressos por jato de tinta EHD com 150 μm de passo de rede Ag apresentaram uma resistência de folha de 4,87 Ω/sq e uma transmitância de 81,75%. Schneider et al.[142] utilizaram a impressão por jato de tinta EHD para imprimir grelhas de Au e Ag com larguras de linha de 80 a 500 nm com tintas de Au e Ag NPs. A alta resolução foi obtida com a ajuda do modo de impressão NanoDrip de alta resolução. Este processo de impressão a jato de tinta EHD demonstrou a capacidade de imprimir estruturas de elevada relação de aspeto (nano-paredes ou nanofios) com uma resolução elevada, diminuindo significativamente a resistência da folha e mantendo a transparência ótica de alto nível. A impressão a jato de tinta EHD também proporcionou flexibilidade na conceção de TEs específicos para cada aplicação, por exemplo, foi demonstrada uma baixa resistência da folha com uma transparência relativamente baixa (8 Ω/sq com uma transmitância de 94%) e uma elevada transmitância com uma resistência da folha relativamente elevada (97% com uma resistência da folha de 20 Ω/sq) através da alteração dos parâmetros de impressão.

O efeito de anel de café é normalmente considerado como um fator negativo na impressão a jato de tinta. No entanto, se o padrão do anel de café for corretamente concebido, também ajuda a formar excelentes TEs. Layaniet al.[137] demonstraram que o efeito "coffee-ring" pode ser utilizado para imprimir padrões condutores transparentes por jato de tinta. Os TEs foram obtidos através da formação de uma matriz 2D de anéis de Ag NP interligados. Os padrões de Ag interligados foram fabricados através da impressão a jato de tinta de Ag NPs (0,5 wt%, ~20 nm Ag NPs) em substratos de plástico. A largura e a altura do rebordo dos anéis individuais são inferiores a 10 μm e 300 nm, respetivamente. O diâmetro do "buraco" rodeado pelo aro é de cerca de 150 μm; assim, todo o conjunto dos anéis interligados é altamente transparente. Os rebordos dos anéis são constituídos por NPs de Ag auto-montadas e muito compactadas, o que torna os anéis individuais e todo o conjunto de anéis altamente condutores. Todo o conjunto de anéis interligados apresenta uma elevada transparência de 95% e uma baixa resistência da folha de ~4 Ω/sq, que são melhores do que os TEs tradicionais de ITO. Outra estratégia para formar TEs baseados em NPs metálicas consiste em imprimir grelhas metálicas com boa transmitância ótica e condutividade eléctrica.

Os problemas actuais com a impressão a jato de tinta de ET à base de metal incluem o entupimento do bocal da impressora devido à elevada tendência para a precipitação de conteúdos metálicos na tinta, a superfície rugosa dos ET impressos e também as instabilidades no ambiente. O problema do entupimento pode ser atenuado através da conceção adequada da formulação da tinta,[136] a passivação na superfície impressa ajudará a reduzir a rugosidade da superfície,[143] e as estabilidades podem ser prontamente melhoradas por encapsulamento.[144-146]

3.4.4 Tinta à base de CNT Os CNT são compostos por folhas de carbono com a espessura de um átomo, com uma estrutura hexagonal numa configuração de parede cilíndrica e oca. Existem CNT de parede simples (SWCNT) e de parede múltipla (MWCNT), e o seu comprimento pode variar entre menos de um micrómetro e centímetros.[69, 70,147] No caso dos SWCNT, as propriedades electrónicas são determinadas pelas suas estruturas quirais, um terço dos quais são condutores e dois terços são semicondutores. Verificou-se que a resistividade eléctrica intrínseca era de cerca de 10^{-6} Ω-cm para os SWCNT individuais e de 3×10^{-5} Ω-cm para os MWCNT individuais.[86, 148] Devido às excelentes propriedades eléctricas, à facilidade de processamento em solução, à flexibilidade mecânica e ao potencial de produção a baixo custo e em grande escala, as películas finas feitas de CNT distribuídos aleatoriamente eram extremamente promissoras para o fabrico de TEs flexíveis.

A impressão de CNTs tem várias vantagens, como o baixo consumo de material, os baixos custos de equipamento, o elevado rendimento e o fabrico aditivo. As tintas de CNT para impressão de TEs de alta qualidade podem ser preparadas combinando as dispersões de CNT com aditivos adequados, dependendo do método de impressão necessário. O meio de dispersão pode ser água ou solventes orgânicos, e a concentração do conteúdo de CNT está numa vasta gama de 0,01-10 mg/ml. A limitação da concentração é muito importante para a maioria dos métodos de impressão, que exigem uma viscosidade e tensões superficiais adequadas da tinta (como o jato de tinta ou a flexografia), mas é menos importante para a impressão serigráfica. Apesar da sua elevada hidrofobicidade e da sua tendência para se agregarem, os CNT podem ser bem dispersos em muitos solventes através de uma modificação química adequada da superfície ou com a ajuda de aditivos solubilizantes, incluindo tensioactivos, derivados da celulose e polímeros condutores, podendo assim ser utilizados como tinta para impressão. As modificações químicas dos CNTs com grupos funcionais favorecem as interacções entre os CNTs e o meio de dispersão. O principal problema relacionado com os solventes orgânicos sem a utilização de agentes dispersantes é o baixo limite de concentração de CNTs, que é inferior a 0,1 g/L.[2] As vantagens das tintas de CNT à base de água incluem um elevado limite de concentração e também uma elevada segurança durante o processo de impressão. Para obter dispersões aquosas estáveis de CNT, foram amplamente utilizados vários tipos de tensioactivos, tais como Triton X-100,[149, 150] dodecilbenzenossulfonato de sódio (SDS),[149, 151] e CTAB,[152] para estabilizar o conteúdo de CNT. Quando um tensioativo é adicionado a uma tinta de CNT à base de água, com a ajuda de caudas hidrofóbicas, as moléculas de tensioativo são fixadas à superfície de cada CNT, o que cria uma barreira em torno do perímetro do CNT para atenuar fisicamente as forças de van der Waals entre CNTs muito próximos. Além disso, devido às cabeças hidrófilas dos tensioactivos de cobertura nos CNT, existe uma força química repulsiva entre os CNT que também ajuda a estabilizar a dispersão dos CNT. Azoubelet al.[153] relataram uma tinta MWCNT com um bom desempenho de impressão a jato de tinta a uma concentração de 10 mg/ml, dispersa em água com 0,5 wt% de dispersante polimérico e 0,1 wt% de agente molhante. A impressão de CNTs foi recentemente bem resumida por vários grupos,[154, 155]. Neste ponto, centrar-nos-emos apenas na impressão a jato de tinta de CNTs para aplicações de TE.

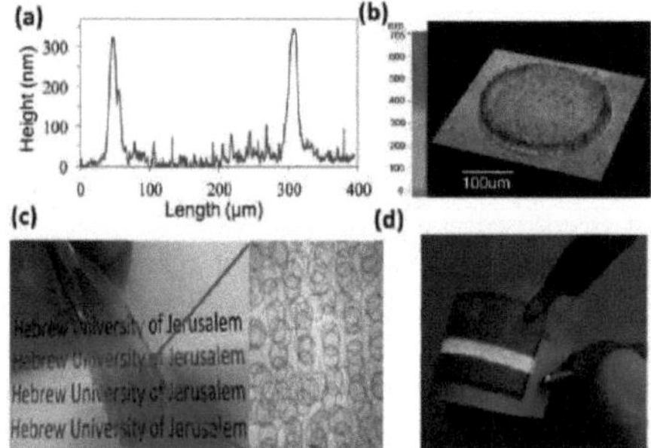

Figura 18. a) Resultado do perfilómetro mecânico de um anel de CNT impresso com 300 nm de espessura. b) Resultado correspondente do perfilómetro ótico do anel de CNT. c) Imagem ótica dos anéis de CNT impressos formando uma película condutora transparente. d) Dispositivo eletroluminescente flexível preparado pelos anéis de CNT impressos. Reproduzido com permissão da ref. [156], Copyright 2014, Royal Society of Chemistry.

De um modo geral, para as películas de TEs à base de SWCNTs, a resistência da folha e a transmitância ótica situam-se tipicamente na gama de 60-870 Ω/sq e 70-90%, respetivamente, dependendo da dispersão dos SWNTs, da espessura da película e do processo de deposição. A impressão direta a jato de tinta de CNT em padrões foi demonstrada pela primeira vez por Vajtaiet al.[157] que começaram por modificar quimicamente a superfície dos MWCNT utilizando oxidantes (HNO3 ou KMnO4) para criar grupos funcionais contendo oxigénio, o que seria benéfico para a preparação de uma tinta aquosa estável de MWNT. Foram obtidos padrões com uma resistência de folha de 40 kΩ/sq através de impressões múltiplas. A condutividade dos eléctrodos impressos à base de MWNTs pode ser grandemente melhorada através de impressões múltiplas, mas a transparência degradar-se-á em conformidade. Alguns grupos conseguiram mesmo eléctrodos à base de MWNTs com uma resistência de folha inferior a 1 kΩ/sq através da impressão de várias camadas, a resistência de folha mais baixa de 78 Ω/sq foi obtida após um total de 200 impressões, como demonstrado por Chen et al.,[158] mas a transmitância foi de apenas 10%. *Mustonenet al.*[159] formularam uma tinta composta de SWCNTs funcionalizados e PEDOT:PSS, e imprimiram TEs compostos com uma resistência de folha de 1 kΩ/sq e uma transparência ótica de 70% após 30 impressões, podendo também imprimir padrões de transparência mais elevados (~90%) com uma resistência de folha muito mais elevada de ~10 kΩ/sq. Recentemente, foi também demonstrado um dispositivo eletroluminescente com dois eléctrodos de CNT impressos. O elétrodo posterior transparente foi fabricado por revestimento com varetas de película de MWCNT e o contra elétrodo foi fabricado por impressão a jato de tinta de película de MWCNT num substrato flexível transparente. O dispositivo eletroluminescente produziu uma emissão intensa após a aplicação de uma polarização entre os dois eléctrodos de MWCNT impressos.[153]

Tal como no caso da impressão a jato de tinta de Ag TEs a partir de tinta de Ag NP,[137] o efeito de anel de café também nem sempre é mau. Lee *et al.*[160] relataram o fabrico de anéis circulares através da impressão a jato de tinta de SWCNT à base de água. A maior parte do conteúdo de SWCNT concentrou-se nas bordas devido ao efeito "coffee-ring". Verificaram que os oxidantes fracos, como o UV/Ozono, também podiam criar grupos contendo oxigénio nos SWCNTs e aumentar a estabilidade da dispersão dos SWCNTs em solventes à base de água. Os TEs foram obtidos através da impressão a jato de tinta dos anéis interligados ou empilhados; após 40 impressões, foi obtida uma resistência de folha de 870Ω/sq e uma transparência ótica de 80% (a 550 nm) nos TEs. Shimoniet *al.*[156] também imprimiram a jato de tinta padrões condutores transparentes e conjuntos de anéis circulares de CNT interligados em substratos flexíveis, utilizando o efeito de anel de café. O fabrico direto destes anéis foi realizado através da impressão a jato de tinta de uma dispersão aquosa de CNT, que se concentrou e se auto-montou nos bordos dos padrões. O desempenho elétrico das películas de CNT impressas pode ser muito melhorado através de um tratamento pós-impressão com ácido nítrico quente, após o qual se obteve uma resistência de folha de 156 Ω/sq e uma transmitância ótica de 81% a 600 nm. Isto torna os TE baseados em CNTs muito competitivos para várias aplicações electrónicas, como demonstrado em dispositivos electroluminescentes (Figura 18).

Embora a impressão a jato de tinta de CNT seja relativamente recente, demonstrou ser muito promissora para imprimir TEs mecanicamente flexíveis e quimicamente estáveis. No entanto, ainda existem alguns problemas, incluindo a elevada resistência da folha, a baixa transparência e a grande rugosidade. Só depois de ultrapassados estes problemas, a impressão a jato de tinta poderá tornar-se um método maduro para a deposição de CNTs. A elevada rugosidade pode ser bem anulada pela deposição de outra camada de materiais condutores transparentes, por exemplo, a deposição de PEDOT nas películas de CNT impressas por jato de tinta pode suavizar eficazmente a superfície.[143] Outros tratamentos químicos pós-impressão poderiam também melhorar a condutividade das películas de CNT através de vários mecanismos, incluindo a remoção de resíduos orgânicos nos CNT e a melhoria do contacto CNT-CNT, ou a dopagem das películas de CNT143, 161, 162.

3.4.5 Tinta à base de grafenoO grafeno é um material 2D que consiste em átomos de carbono hibridizados com sp^2 com uma estrutura em favo de mel.[163] Devido à sua estrutura única e às suas propriedades físicas, químicas, electrónicas e ópticas superiores, o grafeno tem sido alvo de grande atenção desde a sua primeira esfoliação a partir da grafite em 2004.[71, 72,163-169] O grafeno possui uma condutividade excepcional no plano e uma baixa resistência da folha, apesar de ter apenas uma única camada atómica. Estima-se que a absorção de luz por um grafeno sem defeitos seja de 2,3%, enquanto a sua resistência de folha pode ser tão baixa como 60 Ω/sq. Os recentes progressos na preparação e caraterização do grafeno sugerem que este é um dos melhores candidatos para o fabrico de TEs através de processos de solução. As dispersões líquidas de folhas de grafeno podem ser muito promissoras para deposição por processos de solução, incluindo revestimento por rotação, processamento rolo a rolo e impressão por jato de tinta. O pó de grafite a granel pode ser esfoliado em folhas de grafeno simples ou em flocos de grafeno de poucas camadas, o que depende do método de esfoliação. A esfoliação química de flocos de grafite em solventes é o processo mais promissor para a produção em grande escala de grafeno e para o processamento em fase de solução de uma tinta de grafeno.[170-172]

A primeira demonstração da impressão de grafeno por jato de tinta foi realizada por Huang *et al.*[173], que estudaram a impressão por jato de tinta de uma série de tintas à base de grafeno. Em condições optimizadas, foi possível fabricar padrões gráficos de alta qualidade através da impressão a jato de tinta solúvel em água de uma ou poucas camadas de tintas à base de GO em vários tipos de substratos flexíveis, desde papel, PET a PI. Após redução térmica, os padrões impressos à base de grafeno apresentaram uma elevada condutividade eléctrica, que aumentou com o número de camadas impressas. Mais importante ainda, estes padrões impressos mantiveram a mesma condutividade ao longo de vários ciclos de dobragem, o que indica o seu potencial de aplicação em TEs flexíveis. Em seguida, Kong *et al.*[174] imprimiram TEs de grafeno a jato de tinta em substratos flexíveis com dispersão de GO em água, tendo depois reduzido o GO com luz infravermelha a 200 °C durante apenas 10 minutos. Ao otimizar a distância entre as gotículas adjacentes e as camadas de impressão, os TEs GO reduzidos finais apresentaram uma resistência de folha tão baixa como 0,3 MΩ/sq com uma transparência ótica de 86%.

Uma desvantagem da impressão da tinta aquosa de grafeno é a necessidade de um processo de redução (tratamento térmico ou redução química) para restaurar a condutividade da folha de grafeno,[175-178] o que é indesejável para muitas aplicações. Os flocos de grafeno de poucas camadas produzidos pelo método de esfoliação líquida podem restaurar a condutividade eléctrica do grafeno em grande medida, pelo que apresentam um potencial de aplicação promissor em TEs. Torrisiet *al.*[179] relataram a impressão a jato de tinta de películas finas à base de grafeno com a tinta composta por folhas de grafeno de poucas camadas esfoliadas em fase líquida no solvente orgânico *N-metilpirrolidona* (NMP). O mérito deste processo assenta na elevada qualidade dos flocos de grafeno resultantes, devido ao processo isento de oxidação. Utilizaram a tinta de grafeno para imprimir a jato de tinta transístores de película fina de grafeno com mobilidade até ~95 cm^2 V s^{-1-1}, e também padrões transparentes e condutores com transparência ótica até 80% e resistência de folha de 30 kΩ/sq. Verificou-se que a molhabilidade do substrato para a tinta é bastante crítica para a caraterística final dos padrões de grafeno impressos, os grupos silano na estrutura molecular do Hexametildisilazano (HMDS) poderiam promover a adesão de partículas metálicas ao substrato. Do mesmo modo, o HMDS pode também melhorar a adesão entre os flocos de grafeno e o substrato, promovendo assim a montagem dos flocos de grafeno numa rede regular. No entanto, as tintas à base de flocos de grafeno dispersos em solventes orgânicos sofrem sempre de baixa concentração ou toxicidade. Uma elevada eficiência de impressão exige uma elevada estabilidade e também uma elevada concentração da tinta à base de dispersão de grafeno. Li *et al.*[180] desenvolveram uma formulação de tinta baseada na dispersão de flocos de grafeno em terpineol não tóxico para a impressão a jato de tinta de padrões de grafeno. A tinta de grafeno foi preparada começando por esfoliar flocos de grafite em DMF e trocando DMF por terpineol para destilar devido à grande diferença entre os seus pontos de ebulição. O teor de grafeno pode ser grandemente concentrado após a troca de solventes e a destilação. Para evitar a agregação de folhas de grafeno durante a evaporação do DMF, foi adicionada uma certa quantidade de polímero (etilcelulose) à suspensão de grafeno/DMF como estabilizador. Finalmente, o estabilizador pode ser efetivamente removido através de um recozimento pós-impressão a 300-400 °C no ar durante 1 h. Após a estabilização do polímero, as dispersões de grafeno/terpineol podem atingir uma concentração de cerca de 1 mg/ml e manter-se estáveis durante pelo menos várias semanas. A película impressa a jato de tinta resultante apresentou uma resistência da folha até 30 kΩ/sq e uma transmitância de cerca de 80% no comprimento de onda de 550 nm.

O fator chave para controlar a concentração da dispersão de grafeno é evitar a agregação dos flocos de grafeno. Os flocos de grafeno dispersos em solvente orgânico podem ser dramaticamente concentrados por um estabilizador específico, e a condutividade dos padrões de grafeno impressos por jato de tinta pode também ser melhorada por recozimento pós-impressão. Uma tinta de grafeno concentrada foi obtida por esfoliação líquida de pós de grafite em etanol, um solvente benigno para o ambiente, com etilcelulose (CE) como estabilizador. Subsequentemente, os pós de grafeno/EC obtidos foram redispersos numa mistura com um rácio de ciclohexanona:terpineol de 85:15, e a concentração de grafeno pode atingir 3,4 mg/ml.[181] Durante a evaporação do solvente, o estabilizador polimérico EC encapsula os flocos de grafeno, pelo que é necessário um recozimento pós-impressão adequado para restaurar a condutividade eléctrica das películas de grafeno impressas. Após um recozimento térmico a 250 °C durante 30 min, as películas de grafeno tratadas apresentaram uma resistividade de 4 mΩ-cm e uma morfologia uniforme, boa compatibilidade com substratos flexíveis e também uma excelente tolerância a tensões de flexão. Majeeet al.[182] demonstraram que era possível obter uma tinta de grafeno de elevada concentração (até 3,2 mg/ml) por esfoliação por cisalhamento de potências de grafite em solvente orgânico NMP, tendo a maioria dos flocos de grafeno uma espessura de ~4 camadas e um diâmetro de 160 nm. A tinta de grafeno pode ser impressa a jato de tinta em vários substratos. Após 10 impressões e um recozimento térmico a ~350 °C durante 150 min, foram prontamente obtidos TEs de grafeno com uma resistência de folha de 260 Ω/sq e uma transparência de 86%.

O atual baixo desempenho dos TEs de grafeno impressos por jato de tinta limita a sua aplicação em muitos sistemas optoelectrónicos, como os LEDs e as células solares; o fabrico de TEs com baixa resistência da folha e elevada transmitância continua a ser um desafio crítico. Progressos recentes indicam que a impressão a jato de tinta de películas híbridas poderá constituir uma solução alternativa para os problemas com tintas de componente único.

3.4.6 Tintas híbridas Embora tenham sido relatadas inúmeras demonstrações de impressão de TEs por jato de tinta, foram feitos progressos significativos em termos de custo e escalabilidade da produção e do desempenho das TEs. Atualmente, o desempenho dos TEs impressos por jato de tinta não corresponde aos requisitos de aplicações praticamente comerciais. Por exemplo, a resistência da folha das películas de TCO NC impressas por jato de tinta não é a ideal para a optoelectrónica. A grande rugosidade da superfície das películas metálicas NW também impõe alguns limites ao fabrico de dispositivos optoelectrónicos. As junções tubo-tubo no interior do feixe de CNT podem bloquear o transporte de carga entre tubos, aumentando assim a resistividade das películas de CNT. As películas de grafeno também enfrentam um dilema semelhante: as películas de GO necessitam de altas temperaturas ou de um processamento químico rigoroso para restaurar a condutividade eléctrica; as folhas de grafeno esfoliadas com líquido têm menos defeitos, mas são mais pequenas em tamanho, degradando a capacidade de transporte de carga nas películas impressas. No caso das grelhas de Ag, a grande área vazia tende a ser insuficiente na recolha de cargas, pelo que as películas AgNW também apresentam uma elevada resistência à junção NW-NW. Os progressos recentes indicam que a impressão a jato de tinta de películas híbridas poderá eventualmente constituir uma solução alternativa para os problemas relacionados com o desenvolvimento de tecnologias condutoras transparentes.

Por exemplo, as grelhas de Ag impressas por jato de tinta têm uma excelente condutividade eléctrica e transparência, mas são insuficientes em termos de rugosidade e de eficiência de recolha de cargas. A combinação de grelhas de Ag com películas condutoras será benéfica para atenuar estes problemas. Jeonget al.[183] propuseram uma estratégia para melhorar a condutividade das películas de ITO impressas a jato de tinta, inserindo um padrão de grelha de Ag entre camadas de ITO impressas a jato de tinta, formando TEs híbridos ITO/grelha de Ag/ITO. Com um tamanho de passo da grelha de Ag de 3 mm, o elétrodo híbrido apresentou uma impressionante resistência de folha de 2,86Ω/sq com uma transmitância ótica de 74,06% e uma figura de mérito de 17,35 × 10^{-3} /Ω. Hwang et al.[184] também implementaram um cenário semelhante para reduzir a resistência da folha de ITO TEs impressos a jato de tinta, padronizando a grelha Ag entre duas camadas de ITO. Com uma distância de separação Ag-grid de 2 mm, os filmes ITO incorporados Ag-grid deram uma resistência de folha inferior a 3,4 Ω / sq após o recozimento pós-impressão adequado. Ao inserir a grelha Ag, a propriedade eléctrica da película híbrida Ag-grid/ITO (passo da grelha Ag de 2 mm) foi significativamente melhorada, enquanto a transmitância ótica foi ligeiramente reduzida para 82% devido à reflexão da luz das grelhas Ag, mas ainda comparável aos 87% das películas ITO puras. As combinações de grelhas de Ag com películas orgânicas condutoras também proporcionam uma recolha de carga mais eficaz, devido ao efeito de enchimento da matriz orgânica condutora. Muraliet al.[185] desenvolveram TEs de grelha de Ag/PEDOT:PSS através da impressão a jato de tinta de tintas PEDOT:PSS e Ag NP. Com um tamanho de passo de 1 mm, os TEs híbridos Ag grid/PEDOT:PSS tinham uma resistência de folha de 10,3 Ω/sq e uma transmitância ótica de 73%, o que representava uma redução de ~10% na transmitância ótica em comparação com a dos filmes de PEDOT:PSS sem Ag grid impressos por jato de tinta. As células solares orgânicas baseadas nestes híbridos TEs podem ser comparáveis às que utilizam ITO. Kahnget al.[186] descreveram o fabrico de TE híbridos baseados em grelhas de Ag impressas por jato de tinta e filmes de grafeno crescidos por CVD, e demonstraram a sua aplicação em células solares orgânicas. Verificou-se que os TEs de grafeno/grade de Ag apresentavam um melhor desempenho em comparação com a grade de Ag. Esta melhoria foi atribuída ao efeito de preenchimento de espaços vazios das películas de grafeno nos eléctrodos da grelha de Ag, que têm uma grande área vazia de ~2×2 mm^2 por cada quadrado da grelha. Os CNTs foram também incorporados na película de AgNWs para melhorar o transporte de carga, fornecendo caminhos extra de transporte local de electrões entre os AgNWs adjacentes que compõem o elétrodo de base da malha de AgNWs.[187] A implementação desta abordagem hierárquica multiescala, que combina as vantagens de materiais de diferentes dimensões e propriedades, proporciona vias eficientes para o transporte de electrões, demonstrando uma nova estratégia para a conceção de TEs altamente extensíveis e condutores.

Como sabemos, a grande mudança na tecnologia TE baseada no grafeno e nos CNT reside principalmente no facto de ser difícil obter simultaneamente uma boa condutividade e uma elevada transparência. No caso dos eléctrodos à base de CNT, a resistência da junção tubo a tubo contribui principalmente para a grande resistência da folha das películas de CNT. Quanto aos eléctrodos de base de grafeno, no entanto, como a dimensão do grafeno tem de ser limitada a uma gama segura, inferior a 1/20 do diâmetro de um pequeno bocal, as cargas têm de saltar entre pequenas folhas de grafeno, o que aumenta a resistência eléctrica.[179] Recentemente, alguns investigadores demonstraram que algumas NPs metálicas têm a capacidade de melhorar a condutividade dos nanomateriais de carbono. Li *et al.*[188] demonstraram que uma camada de finas NPs Au podia melhorar significativamente a condutividade eléctrica das fibras CNT, as NPs Au não só aumentavam a densidade de portadores nos CNT, como também facilitavam o transporte de carga entre os CNT. As nanoestruturas de Ag com diferentes morfologias foram também incluídas nas folhas de grafeno para melhorar a sua condutividade, embora o mecanismo ainda não seja claro.[122, 189-191] Li *et al.*[191] apresentaram um método para montar plaquetas de nanotriângulos de Ag (Ag NTP) e NPs poliédricas de Ag em GO para formar as formulações de tinta. Após a redução, o padrão Ag NTP-rGO impresso a jato de tinta apresenta uma baixa resistência de folha de 170 Ω/sq com uma transmitância de 90,2%, demonstrando uma melhoria significativa no desempenho dos TEs à base de grafeno. A Tabela 4 resume o desempenho de vários TEs fabricados por técnicas de impressão a jato de tinta.

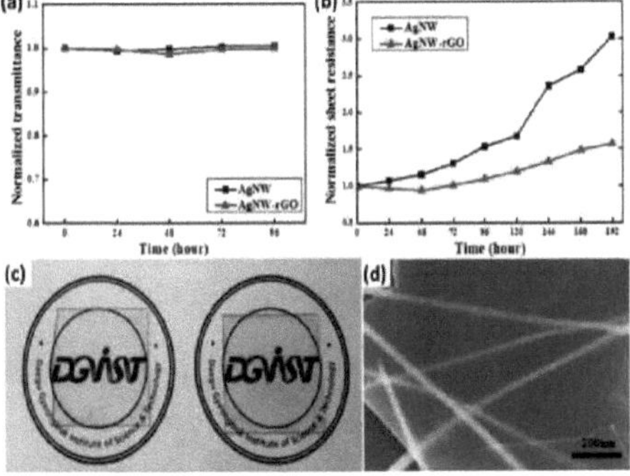

Figura 19. a) Transmitância de TE feitos de AgNWs e AgNW-rGO em função do tempo. b) Resistência de folha de TE feitos de AgNWs e AgNW-rGO em função do tempo de exposição. c) Imagens ópticas de filmes à base de AgNWs (esquerda) e AgNW-rGO (direita) em substratos de vidro. (d) Imagem SEM do filme Ag-rGO. Reproduzido com permissão da ref. [146], Copyright 2012, American Chemical Society.

As preocupações com as TEs preparadas por impressão a jato de tinta à base de metal incluem a estabilidade devido à oxidação, uma vez que o Cu e a Ag são facilmente oxidados em ambientes húmidos ou ácidos. Além disso, a resistência da junção NW-NW é a principal causa da elevada resistência eléctrica das películas NW metálicas transparentes. As folhas de grafeno 2D são transparentes, condutoras, hidrofílicas e impermeáveis a gases, pelo que são adequadas como revestimento e camada protetora para TEs baseados em NWs metálicas.[146] Como se mostra na Figura 19a, a transmitância ótica dos TE à base de Ag NWs e Ag NWs-rGO quase não se altera significativamente com o tempo de exposição; no entanto, a resistência da folha do TE de Ag NWs aumentou mais de 2,5 vezes quando foi exposto a 70% de humidade relativa a 70 °C durante 8 dias; mas a resistência da folha da película de TE de Ag NW-rGO só aumentou 50% sob a mesma condição de exposição, como se mostra na Figura 19b. Tanto o Ag NW como o Ag NW-rGO são bastante transparentes, o que indica que o rGO pode não só melhorar significativamente a resistência do Ag NW à oxidação térmica como também manter a elevada transparência do TE. Lee *et al.*[192] descreveram TEs híbridos baseados em grafeno e Ag NWs, e a sua utilização como eléctrodos transparentes e extensíveis. Estes TEs híbridos de Ag NWs cobertos com grafeno apresentaram excelentes propriedades eléctricas (resistência de folha ~33 Ω/sq), elevada transmitância (~94% na gama do visível), estabilidade robusta contra avarias eléctricas e oxidação, e também uma impressionante flexibilidade mecânica e capacidade de estiramento. Dou *et al.*[193] relataram uma abordagem baseada em solução para envolver a superfície de NWs de Cu ultrafinas com nanofolhas de GO. O processo de solução oferece a possibilidade de impressão a jato de tinta. Após a deposição, foi possível obter eléctrodos condutores transparentes de alta qualidade baseados em NWs Cu-rGO, reduzindo o GO através de um ligeiro recozimento térmico. As estruturas NW core-shell permitiram a produção de TEs baseados em Cu NWs de alto desempenho e baixo custo que poderiam se manter estáveis por mais de 200 dias no ar e ter resistência de folha de ~28 Ω / sq, e neblina ~2% na transmitância de ~90% na luz visível, demonstrando méritos comparáveis aos TEs ITO e Ag NW. Além disso, espera-se que o grafeno 2D também segure firmemente os NWs de metal para melhorar o transporte de carga entre os NWs de metal e criar uma superfície de filme lisa.[194] Liang *et al.*[195] demonstraram a preparação de TEs com base numa rede de percolação de NWs de Ag modificada com nanofolhas de GO. As nanofolhas de GO envolveram as Ag NWs e soldaram as junções Ag NW, reduzindo assim drasticamente a resistência da junção inter-NW sem tratamento térmico ou prensagem mecânica. A rede Ag NW envolvida com GO tinha uma resistência de folha de 14 Ω/sq com 88% de transparência no comprimento de onda de 550 nm, indicando a aplicação promissora na maioria dos dispositivos optoelectrónicos totalmente flexíveis. Assim, a inclusão de grafeno em eléctrodos baseados em NW metálicas abre uma nova via para a produção de TEs NW/grafeno metálicas de grande área, flexíveis, altamente condutoras e transparentes. Embora os exemplos aqui enumerados não tenham sido preparados por impressão por jato de tinta, as mesmas estratégias poderiam também funcionar bem para TEs metálicos impressos por jato de tinta.

Quadro 4: Desempenho dos ET impressos por jato de tinta.

Mateiriais impressos	Solventes	Condições de processamento ou aditivos	Desempenho
PEDOT:PSS[25]	Tetraleno	Glicerol/EGBE	A condutividade do PEDOT:PSS aumentou de 7,82×10⁻¹ para 1,52×10² S/cm com a adição de 6 wt% de glicerol e para 1,64×10² S/cm com a adição de 0,2 wt% de EGBE.
PEDOT:PSS[99]	Água	Glicerol	A resistência dos impressos As películas de PEDOT:PSS diminuíram de 4 MΩ/m para 0,0134 MΩ/m de 10 impressões após serem modificadas por glicerol.

PEDOT:PSS[26]	Água	5% DMSO e 0,1% fluorosurfactante	Os aditivos ajudaram a melhorar a condutividade e a molhabilidade e a aumentar o desempenho das células solares.
PEDOT:PSS[104]	Água	IPA	A transparência foi superior a 90% e a resistência da película impressa foi de $290,63 \pm 16,99 \times 10^4$ Ω/m^2 , muito inferior à da película revestida por centrifugação.
ITO NPs105-107	Etanol ou água	Reagiu-se rapidamente a 450°C durante 4 min.	Transmitância de ~85% e uma resistência de folha de ~200 Ω/sq.
NPs de ITiO[109]	Etanol	Reaquecimento rápido a 500°C durante 4 min.	Resistência da folha de 37,41 Ω/sq e transmitância ótica de 85,40%.
NPs IZTO[108]	Etanol	Rapidamente recozido em N2/O2 a 700°C durante 5 min.	Resistência de folha de 20,6 Ω/sq e transparência ótica de 81%.
Ag NWs[127]	IPA	Adição de 15% de DEG ao IPA.	Resistência de folha mais baixa observada 8 Ω/sq, transmitância ~50%.
Ag NWs[136]	Etanol	Etilenoglicol	Resistência da folha de 44,9 Ω/sq com uma transparência de 86,4%; Resistência de folha de 26,4 Ω/sq a uma transparência de 83%.
Ag NPs[137]	Água	Estabilizado por poli(ácido acrílico).	Anéis interconectados de Ag: transparência de 95% e uma baixa resistência de folha de ~4 Ω/sq.

Ag NPs[140]	Água	Estabilizado por sal de sódio de poli(ácido acrílico).	Grelhas de Ag: Resistência de folha de 1-5 Ω/sq com uma elevada transparência de 83% na gama de 400-800 nm.
Ag NPs[141]	Água	Recozimento a 200 °C sob infravermelhos próximos.	Cintas de Ag: resistência de folha 4,87 Ω/sq e transmitância de 81,75%.
NPs de Ag e NPs de Au[142]	N-tetradecano	Recozido a 150°C durante 10 min para as grelhas de Ag; Recozido a 250°C durante 30 min para as grelhas de Au.	Resistência da folha de 8 Ω/sq a uma transmitância de 94%; Resistência de folha de 20 Ω/sq a uma transmitância de 97%.
NPs de ITO e NPs de Ag[109]	NPs de ITO em água; NPs de Ag em éter monoetílico de trietilenoglicol	Recozido a 450°C em N2/O2 durante 4 min.	Grelha ITO/Ag/filme ITO: Resistência de folha de 2,86 Ω/sq com uma transmitância ótica de 74,06%, e uma figura de mérito de $17,35 \times 10^{-3}$ /Ω no tamanho do passo da grade Ag de 3 mm.
PEDOT:PSS e Ag NPs[185]	Água e DMF	Recozido a 150°C durante 15 minutos.	A grelha PEDOT:PSS/Ag/ PEDOT:PSS tem uma resistência de folha de 10,3 Ω/sq e uma transmitância ótica de 73%.
MWCNT[157]	Água	Modificação da superfície com HNO3 ou KMnO4.	Resistência da folha de 40 kΩ/sq por impressões múltiplas.
SWCNT[158]	Água	1 wt% de dodecil sulfato de sódio	Resistência da folha 78 Ω/sq a uma transmitância de 10%.

PEDOT:PSS:SWCNT[159]	Mistura de etanol e água	Modificação da superfície de SWCNT.	Resistência da folha de 1 kΩ/sq e transparência ótica de 70% após 30 impressões; transparência de ~90% com, no entanto, uma resistência da folha muito mais elevada de ~10 kΩ/sq.
SWCNT[160]	Água	Oxidado com UV/Ozono	Anéis interligados de SWCNT: Resistência de folha de 870Ω/sq e transparência ótica de 80% (a 550 nm) após 40 impressões.
SWCNT[156]	Água	Tensioactivos: dispersante polimérico SOLSPERSE 46000 (1,5 wt%) e agente molhante Byk 348 (0,2 wt%). Pós-tratamento: imersão das amostras durante 10 minutos numa solução de HNO3 a 70%.	Anéis interligados de SWCNT: resistência de folha de 156 Ω/sq e transmitância ótica de 81% a 600 nm.
GO[173]	Água	Reduzido em Ar/H2 a 400°C durante 3h.	Condutividade eléctrica: 900 S/m após 25 impressões.
GO[174]	Água	Reduzido com luz infravermelha a 200 °C durante apenas 10 min.	Resistência de folha de 0,3 MΩ/sq com uma transparência ótica de 86%.
Folhas de grafeno[179]	NMP	Substrato tratado com HDMS para melhorar a aderência.	Transístores de película fina com mobilidade até ~95 cm^2 V s^{-1-1}, transparência ótica até 80% e resistência de folha de 30 kΩ/sq.

Flocos de grafeno[180]	Terpineol	Recozido a 300-400 °C ao ar durante 1 h.	Resistência de folha de 30 kΩ/sq e cerca de 80% de transmitância no comprimento de onda de 550 nm.
Folhas de grafeno[182]	NMP	Recozido a 350 °C durante 150 min.	Resistência da folha de 260 Ω/sq e transparência de 86%.
Ag NPs-GO[191]	Água	Reduzido por hidrazina a 110°C no vácuo durante 3 h.	A película impressa apresentou uma resistência de folha de 170 Ω/sq com uma transmitância de 90,2%.

Capítulo 4

4. Perspectivas

Nesta revisão, tentamos apresentar um resumo das aplicações da técnica de impressão a jato de tinta no fabrico de optoelectrónica. Os processos de deposição de materiais para o fabrico de dispositivos optoelectrónicos, incluindo células solares, LEDs, fotodetectores e TEs, *etc.*, envolvem atualmente a utilização de processos de solução (como spin-coating, spray-coating, doctor blading e serigrafia) ou abordagens de deposição em vácuo. Em alguns casos, a impressão por jato de tinta, tradicionalmente utilizada nas indústrias gráfica e editorial, tem sido recentemente utilizada para depositar uma ou mais camadas de dispositivos. Tendo em conta o elevado custo das etapas de litografia no fabrico industrial e a urgência de minimizar o número e a complexidade dessas etapas, a impressão a jato de tinta constitui uma alternativa atractiva e conservadora de materiais para algumas aplicações. Em comparação com as abordagens tradicionais de deposição, a impressão por jato de tinta tem muitas vantagens, incluindo a flexibilidade de processamento, o baixo custo e o baixo desperdício de materiais. Além disso, a impressão por jato de tinta é também um processo ideal para depositar um determinado material num substrato com padrões e dispositivos pré-existentes que, de outra forma, seriam contaminados e/ou danificados se fosse utilizado outro processo de deposição. No entanto, a natureza local da impressão a jato de tinta também levanta questões que não existem no processamento de deposição tradicional, como o entupimento dos bicos, o efeito de anel de café, o comportamento de molhagem da tinta no substrato, a morfologia e a resolução das características, etc. Uma melhor compreensão do comportamento fluídico do voo das gotículas e das interacções com o substrato ou com as camadas previamente depositadas é fundamental para fazer avançar o desenvolvimento neste domínio tão excitante. Foram alcançados progressos significativos em trabalhos recentes para atenuar esses inconvenientes na qualidade da película e no desempenho do dispositivo, como demonstrado nos exemplos de aplicação. Dado o impressionante progresso recente e a natureza versátil da impressão a jato de tinta, prevemos um futuro promissor desta tecnologia no fabrico de dispositivos optoelectrónicos.

NOTAS E REFERÊNCIAS

1.   M. Singh, H. M. Haverinen, P. Dhagat e G. E. Jabbour, *Adv. Mater.*, 2010, **22**, 673-685.

2.   D. S. Hecht, L. Hu e G. Irvin, *Adv. Mater.*, 2011, **23**, 1482-1513.

3.   G. Konstantatos e E. H. Sargent, *Nat. Nanotechnol*, 2010, **5**, 391-400.

4.   M. Boeberl, M. V. Kovalenko, S. Gamerith, E. J. W. List e W. Heiss, *Adv. Mater.*, 2007, **19**, 3574-3578.

5.   G. D. Martin, S. D. Hoath e I. M. Hutchings, *J. Phys. Conf. Ser.*, 2008, **105**, 012001.

6.   H. P. Le, *J. Imaging Sci. Technol.*, 1998, **42**, 49-62.

7.   J. E. Fromm, *IBM J. Res. Develop*, 1984, **28**, 322-333.

8.   N. Reis, C. Ainsley e B. Derby, *J. App. Phys.*, 2005, **97**, 094903.

9.   B.-J. de Gans, E. Kazancioglu, W. Meyer e U. S. Schubert, *Macromol. Rapid Commun.*, 2004, **25**, 292-296.

10.   J.-U. Park, M. Hardy, S. J. Kang, K. Barton, K. Adair, D. k. Mukhopadhyay, C. Y. Lee, M. S. Strano, A. G. Alleyne, J. G. Georgiadis, P. M. Ferreira e J. A. Rogers, *Nat. Mater.*, 2007, **6**, 782-789.

11.   J. A. Lim, W. H. Lee, H. S. Lee, J. H. Lee, Y. D. Park e K. Cho, *Adv. Funct. Mater.*, 2008, **18**, 229-234.

12.   R. D. Deegan, O. Bakajin, T. F. Dupont, G. Huber, S. R. Nagel e T. A. Witten, *Nature*, 1997, **389**, 827-829.

13.   D. Pesach e A. Marmur, *Langmuir*, 1987, **3**, 519-524.

14.   Y. Oh, J. Kim, Y. J. Yoon, H. Kim, H. G. Yoon, S.-N. Lee e J. Kim, *Curr. Appl. Phys.*, 2011, **11**, S359-S363.

15.   Z. Zhang e W. Zhu, *J. Alloys Compd.*, 2015, **649**, 687-693.

16.   K. Changjae, N. Masaya e S. Katsuaki, *J. Micromech. Microeng.*, 2012, **22**, 035016.

17.   M. Kuang, L. Wang e Y. Song, *Adv. Mater.*, 2014, **26**, 6950-6958.

18.   Y.-Y. Noh, N. Zhao, M. Caironi e H. Sirringhaus, *Nat. Nanotechnol*, 2007, **2**, 784-789.

19.   S. E. Shaheen, R. Radspinner, N. Peyghambarian e G. E. Jabbour, *Appl. Phys. Lett.*, 2001, **79**, 2996-2998.

20.   V. Marin, E. Holder, M. M. Wienk, E. Tekin, D. Kozodaev e U. S. Schubert, *Macromol. Rapid Commun.*, 2005, **26**, 319-324.

21.   K. X. Steirer, J. J. Berry, M. O. Reese, M. F. A. M. van Hest, A. Miedaner, M. W. Liberatore, R. T. Collins e D. S. Ginley, *Thin Solid Films*, 2009, **517**, 2781-2786.

22.   Y. Xia e R. H. Friend, *Macromolecules*, 2005, **38**, 6466-6471.

23.   C. N. Hoth, S. A. Choulis, P. Schilinsky e C. J. Brabec, *Adv. Mater.*, 2007, **19**, 3973-3978.

24.   C. N. Hoth, P. Schilinsky, S. A. Choulis e C. J. Brabec, *Nano Lett.*, 2008, **8**, 2806-2813.

25.   S. H. Eom, S. Senthilarasu, P. Uthirakumar, S. C. Yoon, J. Lim, C. Lee, H. S. Lim, J. Lee e S.-H. Lee, *Org. Electron*, 2009, **10**, 536-542.

26.   S. Jung, A. Sou, K. Banger, D.-H. Ko, P. C. Y. Chow, C. R. McNeill e H. Sirringhaus, *Adv. Energy Mater.*, 2014, **4**, 1400432.

27.   W. Wang, Y.-W. Su e C.-h. Chang, *Sol. Energy Mater. Sol. Cells*, 2011, **95**,

2616-2620.

28. S. H. Eom, H. Park, S. H. Mujawar, S. C. Yoon, S.-S. Kim, S.-I. Na, S.-J. Kang, D. Khim, D.-Y. Kim e S.-H. Lee, *Org. Electron.*, 2010, **11**, 15161522.

29. T. Aernouts, T. Aleksandrov, C. Girotto, J. Genoe e J. Poortmans, *App. Phys. Lett.*, 2008, **92**, 033306.

30. X. Pi, L. Zhang e D. Yang, *J. Phys. Chem. C*, 2012, **116**, 2124021243.

31. Z. Wei, H. Chen, K. Yan e S. Yang, *Angew. Chem. Int. Ed.*, 2014, **126**, 13455-13459.

32. M. A. Green, A. Ho-Baillie e H. J. Snaith, Nat. *Photon.*, 2014, **8**, 506-514.

33. M. Saliba, S. Orlandi, T. Matsui, S. Aghazada, M. Cavazzini, J.-P. Correa-Baena, P. Gao, R. Scopelliti, E. Mosconi, K.-H. Dahmen, F. De Angelis, A. Abate, A. Hagfeldt, G. Pozzi, M. Graetzel e M. K. Nazeeruddin, *Nat. Energy*, 2016, **1**, 15017.

34. C. S. Ponseca, T. J. Savenije, M. Abdellah, K. Zheng, A. Yartsev, T. Pascher, T. Harlang, P. Chabera, T. Pullerits, A. Stepanov, J.-P. Wolf e V. Sundström, *J. Am. Chem. Soc.*, 2014, **136**, 5189-5192.

35. G. Xing, N. Mathews, S. Sun, S. S. Lim, Y. M. Lam, M. Grätzel, S. Mhaisalkar e T. C. Sum, *Science*, 2013, **342**, 344-347.

36. E. Tekin, P. J. Smith, S. Hoeppener, A. M. J. van den Berg, A. S. Susha, A. L. Rogach, J. Feldmann e U. S. Schubert, *Adv. Funct. Mater.*, 2007, **17**, 23-28.

37. B. J. de Gans, P. C. Duineveld e U. S. Schubert, *Adv. Mater.*, 2004, **16**, 203-213.

38. T. X. Sun e G. E. Jabbour, *MRS Bulletin*, 2002, **27**, 309-315.

39. Y. Yoshioka e G. E. Jabbour, *Adv. Mater.*, 2006, **18**, 1307-1312.

40. E. Tekin, H. Wijlaars, E. Holder, D. A. M. Egbe e U. S. Schubert, *J. Mater. Chem.*, 2006, **16**, 4294-4298.

41. S.-H. Jung, J.-J. Kim e H.-J. Kim, *Thin Solid Films*, 2012, **520**, 69546958.

42. H. M. Haverinen, R. A. Myllyla e G. E. Jabbour, *Appl. Phys. Lett.*, 2009, **94**, 073108.

43. V. Wood, M. J. Panzer, J. Chen, M. S. Bradley, J. E. Halpert, M. G. Bawendi e V. Bulovic, *Adv. Mater.*, 2009, **21**, 2151-2155.

44. M. Singh, T. Kondou, H. Chae, J. Froehlich, S. Li, A. Mochizuki e G. E. Jabbour, *Mater. Res. Soc. Fall Meeting* 2008, **G13.7**.

45. M. Singh, H. S. Chae, J. D. Froehlich, T. Kondou, S. Li, A. Mochizuki e G. E. Jabbour, *Soft Matter*, 2009, **5**, 3002-3005.

46. S. H. Lee, J. Y. Hwang, K. Kang e H. Kang, 2009.

47. J. Bharathan e Y. Yang, *Appl. Phys. Lett.*, 1998, **72**, 2660-2662.

48. S. C. Chang, J. Liu, J. Bharathan, Y. Yang, J. Onohara e J. Kido, *Adv. Mater.*, 1999, **11**, 734-737.

49. H. Kobayashi, S. Kanbe, S. Seki, H. Kigchi, M. Kimura, I. Yudasaka, S. Miyashita, T. Shimoda, C. R. Towns, J. H. Burroughes e R. H. Friend, *Synth. Met.*, 2000, **111-112**, 125-128.

50. T. Gohda, Y. Kobayashi, K. Okano, S. Inoue, K. Okamoto, S. Hashimoto, E. Yamamoto, H. Morita, S. Mitsui e M. Koden, *SID Symp. Dig. Tec.*, 2006, **37**, 1767-1770.

51. P.-Y. Chen, C.-L. Chen, C.-C. Chen, L. Tsai, H.-C. Ting, L.-F. Lin, C.-C. Chen, C.-Y. Chen, L.-H. Chang, T.-H. Shih, Y.-H. Chen, J.-C. Huang, M.- Y. Lai,

C.-M. Hsu e Y. Lin, *SID Symp. Dig. Tec.*, 2014, **45**, 396-398.

52. P.-Y. Chen, C.-C. Chen, C.-C. Hsieh, J.-M. Lin, Y.-S. Lin e Y. Lin, *SID Symp. Dig. Tec.*, 2015, **46**, 1352-1354.

53. B. H. Kim, M. S. Onses, J. B. Lim, S. Nam, N. Oh, H. Kim, K. J. Yu, J. W. Lee, J.-H. Kim, S.-K. Kang, C. H. Lee, J. Lee, J. H. Shin, N. H. Kim, C. Leal, M. Shim e J. A. Rogers, *Nano Lett.*, 2015, **15**, 969-973.

54. K. Kim, G. Kim, B. R. Lee, S. Ji, S.-Y. Kim, B. W. An, M. H. Song e J.-U. Park, *Nanoscale*, 2015, **7**, 13410-13415.

55. G. Azzellino, A. Grimoldi, M. Binda, M. Caironi, D. Natali e M. Sampietro, *Adv. Mater.*, 2013, **25**, 6829-6833.

56. Z. Zhan, L. Zheng, Y. Pan, G. Sun e L. Li, *J. Mater. Chem.*, 2012, **22**, 2589-2595.

57. L. Xu, X. Li, Z. Zhan, L. Wang, S. Feng, X. Chai, W. Lu, J. Shen, Z. Weng e J. Sun, *ACS Appl. Mater. Interfaces*, 2015, **7**, 20264-20271.

58. Z. Y. Zhan, C. Liu, L. X. Zheng, G. Z. Sun, B. S. Li e Q. Zhang, *Phys. Chem.Chem. Phys.*, 2011, **13**, 20471-20475.

59. K. Fukuda, T. Sekine, D. Kumaki e S. Tokito, *ACS Appl. Mater. Interfaces*, 2013, **5**, 3916-3920.

60. H. Wang, C. Cheng, L. Zhang, H. Liu, Y. Zhao, Y. Guo, W. Hu, G. Yu e Y. Liu, *Adv. Mater.*, 2014, **26**, 4683-4689.

61. S. Lilliu, M. Böberl, M. Sramek, S. F. Tedde, J. E. Macdonald e O. Hayden, *Thin Solid Films*, 2011, **520**, 610-615.

62. J. R. Wojciechowski, L. C. Shriver-Lake, M. Y. Yamaguchi, E. Füreder, R. Pieler, M. Schamesberger, C. Winder, H. J. Prall, M. Sonnleitner e F. S. Ligler, *Anal. Chem.*, 2009, **81**, 3455-3461.

63. L. L. Lavery, G. L. Whiting e A. C. Arias, *Org. Electron*, 2011, **12**, 682-685.

64. G. Pace, A. Grimoldi, D. Natali, M. Sampietro, J. E. Coughlin, G. C. Bazan e M. Caironi, *Adv. Mater.*, 2014, **26**, 6773-6777.

65. Y.-H. Kim, J.-I. Han, M.-K. Han, J. E. Anthony, J. Park e S. K. Park, *Org. Electron*, 2010, **11**, 1529-1533.

66. C. Soci, A. Zhang, B. Xiang, S. A. Dayeh, D. P. R. Aplin, J. Park, X. Y. Bao, Y. H. Lo e D. Wang, *Nano Lett.*, 2007, **7**, 1003-1009.

67. X. Huang, C. Tay, Z. Zhan, C. Zhang, L. Zheng, T. Venkatesan e S. Chua, *CrystEngComm*, 2011, **13**, 7032-7036.

68. X. Huang, Z. Zhan, K. Pramoda, C. Zhang, L. Zheng e S. Chua, *CrystEngComm*, 2012, **14**, 5163-5165.

69. J. An, Z. Zhan, S. V. H. Krishna e L. Zheng, *Chem. Eng. J.*, 2014, **237**, 16-22.

70. J. An, Z. Zhan, H. K. S. V. Mohan, G. Sun, R. V. Hansen e L. Zheng, *J. Mater. Chem. C*, 2015, **3**, 2215-2222.

71. P. Avouris, *Nano Lett.*, 2010, **10**, 4285-4294.

72. Q. L. Bao e K. P. Loh, *ACS Nano*, 2012, **6**, 3677-3694.

73. Z. Zhan, J. Sun, L. Liu, E. Wang, Y. Cao, N. Lindvall, G. Skoblin e A. Yurgens, *J. Mater. Chem. C*, 2015, **3**, 8634-8641.

74. Y. Zhang, T. Liu, B. Meng, X. Li, G. Liang, X. Hu e Q. J. Wang, *Nat. Commun.*, 2013, **4**.

75. Z. Y. Zhan, J. N. An, H. C. Zhang, R. V. Hansen e L. X. Zheng, *ACS Appl. Mater. Interfaces*, 2014, **6**, 1139-1144.

76. C. Tian, D. Jiang, B. Li, J. Lin, Y. Zhao, W. Yuan, J. Zhao, Q. Liang, S. Gao,

J. Hou e J. Qin, *ACS Appl. Mater. Interfaces*, 2014, **6**, 2162-2166.

77. Z. Zhan, L. Liu, W. Wang, Z. Cao, A. Martinelli, E. Wang, Y. Cao, J. Chen, A. Yurgens e J. Sun, Adv. *Opt. Mater.*, 2016.

78. J. Wu e L. Y. Lin, *IEEE Photon. Technol. Lett.*, 2014, **26**, 737-740.

79. K. K. Manga, S. Wang, M. Jaiswal, Q. Bao e K. P. Loh, *Adv. Mater.*, 2010, **22**, 5265-5270.

80. D. J. Finn, M. Lotya, G. Cunningham, R. J. Smith, D. McCloskey, J. F. Donegan e J. N. Coleman, *J. Mater. Chem. C*, 2014, **2**, 925-932.

81. E. Katzir, S. Yochelis, Y. Paltiel, S. Azoubel, A. Shimoni e S. Magdassi, *Sens. Actuators B-Chem.*, 2014, **196**, 112-116.

82. A. Gohier, A. Dhar, L. Gorintin, P. Bondavalli, Y. Bonnassieux e C. S. Cojocaru, *Appl. Phys. Lett.*, 2011, **98**, 063103.

83. J. Li, M. M. Naiini, S. Vaziri, M. C. Lemme e M. Östling, *Adv. Funct. Mater.*, 2014, **24**, 6524-6531.

84. Y. Wu, E. Girgis, V. Ström, W. Voit, L. Belova e K. V. Rao, *Physica Status Solidi A*, 2011, **208**, 206-209.

85. S.-P. Chen, J. R. Duran Retamal, D.-H. Lien, J.-H. He e Y.-C. Liao, *RSC Adv.*, 2015, **5**, 70707-70712.

86. A. Teichler, J. Perelaer e U. S. Schubert, *J. Mater. Chem. C*, 2013, **1**, 1910-1925.

87. A. Kamyshny e S. Magdassi, *Small*, 2014, **10**, 3515-3535.

88. J. Song e H. Zeng, *Angew. Chem. Int. Ed.*, 2015, **54**, 9760-9774.

89. Y. Yang, Y. Jiang, J. Xu e J. Yu, *Colloids Surf. A Physicochem. Eng. Asp.*, 2007, **302**, 157-161.

90. J. Ouyang, *ACS Appl. Mater. Interfaces*, 2013, **5**, 13082-13088.

91. M. Vosgueritchian, D. J. Lipomi e Z. Bao, *Adv. Funct. Mater.*, 2012, **22**, 421-428.

92. J. E. McCarthy, C. A. Hanley, L. J. Brennan, V. G. Lambertini e Y. K. Gun'ko, *J. Mater. Chem. C*, 2014, **2**, 764-770.

93. F. C. Krebs, *Sol. Energy Mater. Sol. Cells*, 2009, **93**, 394-412.

94. G. Li, V. Shrotriya, J. Huang, Y. Yao, T. Moriarty, K. Emery e Y. Yang, *Nat. Mater.*, 2005, **4**, 864-868.

95. P. W. M. Blom, V. D. Mihailetchi, L. J. A. Koster e D. E. Markov, *Adv. Mater.*, 2007, **19**, 1551-1566.

96. B. Ballarin, A. Fraleoni-Morgera, D. Frascaro, S. Marazzita, C. Piana e L. Setti, *Synth. Met.*, 2004, **146**, 201-205.

97. I. W. Kwon, H. J. Son, W. Y. Kim, Y. S. Lee e H. C. Lee, *Synth. Met.*, 2009, **159**, 1174-1177.

98. S. Ummartyotin, J. Juntaro, C. Wu, M. Sain e H. Manuspiya, *J. Nanomater*, 2011, **2011**, 7.

99. A. Y. Natori, C. D. Canestraro, L. S. Roman e A. M. Ceschin, *Mater. Sci. Eng. B*, 2005, **122**, 231-235.

100. I. A. Grimaldi, A. D. G. Del Mauro, R. Diana, F. Loffredo, P. Morvillo, F. Villani e C. Minarini, *AIP Conf. Proceed.*, 2012, **1459**, 167169.

101. A. De Girolamo Del Mauro, R. Diana, I. A. Grimaldi, F. Loffredo, P. Morvillo, F. Villani e C. Minarini, *Polym. Composite.*, 2013, **34**, 1493-1499.

102. J. Ha, J. Park, J. Ha, D. Kim, S. Chung, C. Lee e Y. Hong, *Org. Electron*, 2015, **19**, 147-156.

103. S. Ma, F. Ribeiro, K. Powell, J. Lutian, C. Møller, T. Large e J. Holbery, *ACS Appl. Mater. Interfaces*, 2015, **7**, 21628-21633.

104. W.-Y. Chou, S.-T. Lin, H.-L. Cheng, M.-H. Chang, H.-R. Guo, T.-C. Wen, Y.-S. Mai, J.-B. Horng, C.-W. Kuo, F.-C. Tang, C.-C. Liao e C.-L. Chiu, *Thin Solid Films*, 2007, **515**, 3718-3723.

105. H.-K. Kim, I.-K. You, J. B. Koo e S.-H. Kim, *Surf. Coat. Technol.*, 2012, **211**, 33-36.

106. J.-A. Jeong, J. Lee, H. Kim, H.-K. Kim e S.-I. Na, *Sol. Energy Mater. Sol. Cells*, 2010, **94**, 1840-1844.

107. J.-A. Jeong e H.-K. Kim, *Curr. Appl. Phys.*, 2010, **10**, e105-e108.

108. J. Kim, S.-I. Na e H.-K. Kim, *Sol. Energy Mater. Sol. Cells*, 2012, **98**, 424-432.

109. H.-M. Lee, J.-A. Jeong, S.-W. Choi, J. Kim e H.-K. Kim, *J. Sol-Gel Sci. Technol.*, 2015, **73**, 531-535.

110. R. Buonsanti, A. Llordes, S. Aloni, B. A. Helms e D. J. Milliron, *Nano Lett.*, 2011, **11**, 4706-4710.

111. J. Lee, S. Lee, G. Li, M. A. Petruska, D. C. Paine e S. Sun, *J. Am. Chem. Soc.*, 2012, **134**, 13410-13414.

112. D. Ito, S. Yokoyama, T. Zaikova, K. Masuko e J. E. Hutchison, *ACS Nano*, 2014, **8**, 64-75.

113. J. Song, S. A. Kulinich, J. Li, Y. Liu e H. Zeng, *Angew. Chem. Int. Ed.*, 2015, **127**, 472-476.

114. E. Della Gaspera, A. S. R. Chesman, J. van Embden e J. J. Jasieniak, *ACS Nano*, 2014, **8**, 9154-9163.

115. L. Luo, D. Bozyigit, V. Wood e M. Niederberger, *Chem. Mater.*, 2013, **25**, 4901-4907.

116. E. Della Gaspera, M. Bersani, M. Cittadini, M. Guglielmi, D. Pagani, R. Noriega, S. Mehra, A. Salleo e A. Martucci, *J. Am. Chem. Soc.*, 2013, **135**, 3439-3448.

117. J. Lee, M. A. Petruska e S. Sun, *J. Phys. Chem. C*, 2014, **118**, 12017-12021.

118. S. De, T. M. Higgins, P. E. Lyons, E. M. Doherty, P. N. Nirmalraj, W. J. Blau, J. J. Boland e J. N. Coleman, *ACS Nano*, 2009, **3**, 1767-1774.

119. L. Yang, T. Zhang, H. Zhou, S. C. Price, B. J. Wiley e W. You, *ACS Appl. Mater. Interfaces*, 2011, **3**, 4075-4084.

120. T. Öhlund, A. K. Schuppert, M. Hummelgård, J. Bäckström, H.-E. Nilsson e H. Olin, *ACS Appl. Mater. Interfaces*, 2015, **7**, 18273-18282.

121. S. Jang, Y. Seo, J. Choi, T. Kim, J. Cho, S. Kim e D. Kim, *Scr. Mater.*, 2010, **62**, 258-261.

122. T. L. Chen, D. S. Ghosh, V. Mkhitaryan e V. Pruneri, *ACS Appl. Mater. Interfaces*, 2013, **5**, 11756-11761.

123. Y. Sun e Y. Xia, *Adv. Mater*, 2002, **14**, 833-837.

124. J. Lee, I. Lee, T.-S. Kim e J.-Y. Lee, *Small*, 2013, **9**, 2887-2894.

125. C. Preston, Z. Fang, J. Murray, H. Zhu, J. Dai, J. N. Munday e L. Hu, *J. Mater. Chem. C*, 2014, **2**, 1248-1254.

126. W. J. Scheideler, J. Smith, I. Deckman, S. Chung, A. C. Arias e V. Subramanian, *J. Mater. Chem. C*, 2016, **4**, 3248-3255.

127. D. J. Finn, M. Lotya e J. N. Coleman, *ACS Appl. Mater. Interfaces*, 2015, **7**, 9254-9261.

128. S.-B. Kang, Y.-J. Noh, S.-I. Na e H.-K. Kim, *Sol. Energy Mater. Sol. Cells*, 2014, **122**, 152-157.

129. M. Song, D. S. You, K. Lim, S. Park, S. Jung, C. S. Kim, D.-H. Kim, D.-G. Kim, J.-K. Kim, J. Park, Y.-C. Kang, J. Heo, S.-H. Jin, J. H. Park e J.- W. Kang, *Adv. Funct. Mater.*, 2013, **23**, 4177-4184.

130. A. R. Rathmell e B. J. Wiley, *Adv. Mater.*, 2011, **23**, 4798-4803.

131. Y. Tang, S. Gong, Y. Chen, L. W. Yap e W. Cheng, *ACS Nano*, 2014, **8**, 5707-5714.

132. D. Zhang, R. Wang, M. Wen, D. Weng, X. Cui, J. Sun, H. Li e Y. Lu, *J. Am. Chem. Soc.*, 2012, **134**, 14283-14286.

133. A. R. Rathmell, M. Nguyen, M. Chi e B. J. Wiley, *Nano Lett.*, 2012, **12**, 3193-3199.

134. Y. Won, A. Kim, D. Lee, W. Yang, K. Woo, S. Jeong e J. Moon, *NPG Asia Mater*, 2014, **6**, e105.

135. J. Song, J. Li, J. Xu e H. Zeng, *Nano Lett.*, 2014, **14**, 6298-6305.

136. H. Lu, J. Lin, N. Wu, S. Nie, Q. Luo, C.-Q. Ma e Z. Cui, *Appl. Phys. Lett.*, 2015, **106**, 093302.

137. M. Layani, M. Gruchko, O. Milo, I. Balberg, D. Azulay e S. Magdassi, *ACS Nano*, 2009, **3**, 3537-3542.

138. T.-Y. Kim, M. Amani, G. H. Ahn, Y. Song, A. Javey, S. Chung e T. Lee, *ACS Nano*, 2016, **10**, 2819-2826.

139. X. Liu, L. Gu, Q. Zhang, J. Wu, Y. Long e Z. Fan, *Nat. Commun.*, 2014, **5**.

140. M. Layani, P. Darmawan, W. L. Foo, L. Liu, A. Kamyshny, D. Mandler, S. Magdassi e P. S. Lee, *Nanoscale*, 2014, **6**, 4572-4576.

141. J. Yonghee, K. Jihoon e B. Doyoung, *J. Phys. D Appl. Phys.*, 2013, **46**, 155103.

142. J. Schneider, P. Rohner, D. Thureja, M. Schmid, P. Galliker e D. Poulikakos, *Adv. Funct. Mater.*, 2016, **26**, 833-840.

143. D. Zhang, K. Ryu, X. Liu, E. Polikarpov, J. Ly, M. E. Tompson e C. Zhou, *Nano Lett.*, 2006, **6**, 1880-1886.

144. T.-B. Song, Y. S. Rim, F. Liu, B. Bob, S. Ye, Y.-T. Hsieh e Y. Yang, *ACS Appl. Mater. Interfaces*, 2015, **7**, 24601-24607.

145. G. Cai, P. Darmawan, M. Cui, J. Wang, J. Chen, S. Magdassi e P. S. Lee, *Adv. Energy Mater.*, 2016, **6**, n/a-n/a.

146. Y. Ahn, Y. Jeong e Y. Lee, *ACS Appl. Mater. Interfaces*, 2012, **4**, 6410-6414.

147. L. X. Zheng, M. J. O'Connell, S. K. Doorn, X. Z. Liao, Y. H. Zhao, E. A. Akhadov, M. A. Hoffbauer, B. J. Roop, Q. X. Jia, R. C. Dye, D. E. Peterson, S. M. Huang, J. Liu e Y. T. Zhu, *Nat. Mater.*, 2004, **3**, 673-676.

148. A. Bachtold, M. Henny, C. Terrier, C. Strunk, C. Schönenberger, J.-P. Salvetat, J.-M. Bonard e L. Forró, *Appl. Phys. Lett.*, 1998, **73**, 274-276.

149. R. Rastogi, R. Kaushal, S. K. Tripathi, A. L. Sharma, I. Kaur e L. M. Bharadwaj, *J. Colloid Interface Sci.*, 2008, **328**, 421-428.

150. H. Wang, W. Zhou, D. L. Ho, K. I. Winey, J. E. Fischer, C. J. Glinka e E. K. Hobbie, *Nano Lett.*, 2004, **4**, 1789-1793.

151. M. F. Islam, E. Rojas, D. M. Bergey, A. T. Johnson e A. G. Yodh, *Nano Lett.*, 2003, **3**, 269-273.

152. A. G. Ryabenko, T. V. Dorofeeva e G. I. Zvereva, *Carbon*, 2004, **42**, 1523-

1535.

153.   A. Suzanna, S. Shay e M. Shlomo, *Nanotecnologia*, 2012, **23**, 344003.

154.   R. Tortorich e J.-W. Choi, *Nanomaterials*, 2013, **3**, 453.

155.   K. Chen, W. Gao, S. Emaminejad, D. Kiriya, H. Ota, H. Y. Y. Nyein, K. Takei e A. Javey, *Adv. Mater.*, 2016, DOI: 10.1002/adma.201504958, 4397-4414.

156.   A. Shimoni, S. Azoubel e S. Magdassi, *Nanoscale*, 2014, **6**, 1108411089.

157.   K. Kordás, T. Mustonen, G. Tóth, H. Jantunen, M. Lajunen, C. Soldano, S. Talapatra, S. Kar, R. Vajtai e P. M. Ajayan, *Small*, 2006, **2**, 1021-1025.

158.   P. Chen, H. Chen, J. Qiu e C. Zhou, *Nano Res.*, 2010, **3**, 594-603.

159.   T. Mustonen, K. Kordás, S. Saukko, G. Tóth, J. S. Penttilä, P. Helistö, H. Seppä e H. Jantunen, *Physica Status Solidi B*, 2007, **244**, 4336-4340.

160.   Y.-I. Lee, S. Kim, K.-J. Lee, N. V. Myung e Y.-H. Choa, *Thin Solid Films*, 2013, **536**, 160-165.

161.   M. H. A. Ng, T. H. Lysia, T. Huiwen e C. H. P. Poa, *Nanotechnology*, 2008, **19**, 205703.

162.   H.-Z. Geng, K. K. Kim, K. P. So, Y. S. Lee, Y. Chang e Y. H. Lee, *J. Am. Chem. Soc.*, 2007, **129**, 7758-7759.

163.   A. K. Geim e K. S. Novoselov, *Nat. Mater.*, 2007, **6**, 183-191.

164.   K. S. Novoselov, A. K. Geim, S. V. Morozov, D. Jiang, Y. Zhang, S. V. Dubonos, I. V. Grigorieva e A. A. Firsov, *Science*, 2004, **306**, 666-669.

165.   K. S. Novoselov, A. K. Geim, S. V. Morozov, D. Jiang, M. I. Katsnelson, I. V. Grigorieva, S. V. Dubonos e A. A. Firsov, *Nature*, 2005, **438**, 197-200.

166.   K. S. Novoselov, Z. Jiang, Y. Zhang, S. V. Morozov, H. L. Stormer, U. Zeitler, J. C. Maan, G. S. Boebinger, P. Kim e A. K. Geim, *Science*, 2007, **315**, 1379-1379.

167.   C. H. Lu, H. H. Yang, C. L. Zhu, X. Chen e G. N. Chen, *Angew. Chem. Int. Ed.*, 2009, **48**, 4785-4787.

168.   F. Schedin, A. K. Geim, S. V. Morozov, E. W. Hill, P. Blake, M. I. Katsnelson e K. S. Novoselov, *Nat. Mater.*, 2007, **6**, 652-655.

169.   F. Schwierz, *Nat. Nanotechnol*, 2010, **5**, 487-496.

170.   C. Soldano, A. Mahmood e E. Dujardin, *Carbon*, 2010, **48**, 21272150.

171.   Y. Hernandez, V. Nicolosi, M. Lotya, F. M. Blighe, Z. Sun, S. De, I. T. McGovern, B. Holland, M. Byrne, Y. K. Gun'Ko, J. J. Boland, P. Niraj, G. Duesberg, S. Krishnamurthy, R. Goodhue, J. Hutchison, V. Scardaci, A. C. Ferrari e J. N. Coleman, *Nat. Nanotechnol*, 2008, **3**, 563-568.

172.   V. C. Tung, M. J. Allen, Y. Yang e R. B. Kaner, Nat. *Nanotechnol*, 2009, **4**, 25-29.

173.   L. Huang, Y. Huang, J. Liang, X. Wan e Y. Chen, *Nano Res.*, 2011, **4**, 675-684.

174.   D. Kong, L. T. Le, Y. Li, J. L. Zunino e W. Lee, *Langmuir*, 2012, **28**, 13467-13472.

175.   G. Eda, G. Fanchini e M. Chhowalla, *Nat. Nanotechnol*, 2008, **3**, 270-274.

176.   S. Stankovich, D. A. Dikin, R. D. Piner, K. A. Kohlhaas, A. Kleinhammes, Y. Jia, Y. Wu, S. T. Nguyen e R. S. Ruoff, *Carbon*, 2007, **45**, 1558-1565.

177.   G. Sun, L. Zheng, Z. Zhan, J. Zhou, X. Liu e L. Li, *Carbon*, 2014, **68**, 748-754.

178.   H. A. Becerril, J. Mao, Z. Liu, R. M. Stoltenberg, Z. Bao e Y. Chen, *ACS Nano*, 2008, **2**, 463-470.

179.   F. Torrisi, T. Hasan, W. Wu, Z. Sun, A. Lombardo, T. S. Kulmala, G.-W. Hsieh, S. Jung, F. Bonaccorso, P. J. Paul, D. Chu e A. C. Ferrari, *ACS Nano*, 2012, **6**, 2992-3006.

180.   J. Li, F. Ye, S. Vaziri, M. Muhammed, M. C. Lemme e M. Östling, *Adv. Mater.*, 2013, **25**, 3985-3992.

181.   E. B. Secor, P. L. Prabhumirashi, K. Puntambekar, M. L. Geier e M. C. Hersam, *J. Phys. Chem. Lett.*, 2013, **4**, 1347-1351.

182.   S. Majee, M. Song, S.-L. Zhang e Z.-B. Zhang, *Carbon*, 2016, **102**, 51-57.

183.   J.-A. Jeong, J. Kim e H.-K. Kim, *Sol. Energy Mater. Sol. Cells*, 2011, **95**, 1974-1978.

184.   M.-s. Hwang, B.-y. Jeong, J. Moon, S.-K. Chun e J. Kim, *Mater. Sci. Eng. B*, 2011, **176**, 1128-1131.

185.   B. Murali, D.-G. Kim, J.-W. Kang e J. Kim, *Physica Status Solidi A*, 2014, **211**, 1801-1806.

186.   Y. H. Kahng, M.-K. Kim, J.-H. Lee, Y. J. Kim, N. Kim, D.-W. Park e K. Lee, *Sol. Energy Mater. Sol. Cells*, 2014, **124**, 86-91.

187.   P. Lee, J. Ham, J. Lee, S. Hong, S. Han, Y. D. Suh, S. E. Lee, J. Yeo, S. S. Lee, D. Lee e S. H. Ko, *Adv. Funct. Mater.*, 2014, **24**, 5671-5678.

188.   Q. W. Li, Y. Li, X. F. Zhang, S. B. Chikkannanavar, Y. H. Zhao, A. M. Dangelewicz, L. X. Zheng, S. K. Doorn, Q. X. Jia, D. E. Peterson, P. N. Arendt e Y. T. Zhu, *Adv. Mater.*, 2007, **19**, 3358-3363.

189.   I. N. Kholmanov, C. W. Magnuson, A. E. Aliev, H. Li, B. Zhang, J. W. Suk, L. L. Zhang, E. Peng, S. H. Mousavi, A. B. Khanikaev, R. Piner, G. Shvets e R. S. Ruoff, *Nano Lett.*, 2012, **12**, 5679-5683.

190.   R. Chen, S. R. Das, C. Jeong, M. R. Khan, D. B. Janes e M. A. Alam, *Adv. Funct. Mater.*, 2013, **23**, 5150-5158.

191.   L. Li, Y. Guo, X. Zhang e Y. Song, *J. Mater. Chem. A*, 2014, **2**, 19095-19101.

192.   M.-S. Lee, K. Lee, S.-Y. Kim, H. Lee, J. Park, K.-H. Choi, H.-K. Kim, D.-G. Kim, D.-Y. Lee, S. Nam e J.-U. Park, *Nano Lett.*, 2013, **13**, 2814-2821.

193.   L. Dou, F. Cui, Y. Yu, G. Khanarian, S. W. Eaton, Q. Yang, J. Resasco, C. Schildknecht, K. Schierle-Arndt e P. Yang, *ACS Nano*, 2016, **10**, 2600-2606.

194.   I. K. Moon, J. I. Kim, H. Lee, K. Hur, W. C. Kim e H. Lee, *Sci. Rep.*, 2013, **3**, 1112.

195.   J. Liang, L. Li, K. Tong, Z. Ren, W. Hu, X. Niu, Y. Chen e Q. Pei, *ACS Nano*, 2014, **8**, 1590-1600.

Printed by Books on Demand GmbH, Norderstedt / Germany